人人学茶

Green Tea

第一次品绿茶就上手

图解版

王岳飞 周继红 主编

潘建义 徐平 副主编

U0179424

旅游教育出版社

·北京·

主编简介
ABOUT THE AUTHORS

王岳飞，浙江天台人，茶学博士、教授、博导，浙江大学农学院副院长，浙江大学茶叶研究所所长。国务院学科评议组成员，国家一级评茶师，国家职业技能（评茶员／茶艺师）竞赛裁判员、高级考评员，浙江图书馆文澜讲坛客座教授，武汉图书馆名家论坛教授。

兼任浙江省科协九届委员，浙江省茶叶学会秘书长，中国国际茶文化研究会学术委员会副主任，中华预防医学会自由基预防医学专业委员会常委，中国茶叶学会提取物分会秘书长，中国社科院茶研中心专家委员会委员，浙江省微茶楼文化发展协会副会长，杭州中国茶都品牌促进会副理事长兼秘书长，中国茶叶流通协会茶叶深加工及茶食品专业委员会副主任委员，浙江省茶产业科技创新联盟副秘书长，浙江大学茶文化与健康研究会秘书长，丽水市茶产业首席专家，江西景德镇市及浮梁县科技特派员等。

从事茶叶生物化学、天然产物健康功能与机理、茶资源综合利用等方面的研究，主持国家科技支撑项目和省重大科技专项，研发成功茶终端产品 30 多种，发表学术论文 60 余篇，著有《茶多酚化学》《茶文化与茶健康》等著作 10 多部，是 Molecules、Food Research International、Life Sciences 等多家 SCI 期刊审稿人。获国家发明专利 7 项，是首届吴觉农茶学奖学金、首届中国茶叶学会科学技术奖一等奖、第二届中国茶叶学会青年科技奖、浙江省师德先进个人、首届中华茶文化优秀教师、2014 年宝钢优秀教师、2015 浙江大学永平杰出教学贡献奖（100 万元）获得者。

主讲的《茶文化与茶健康》2011 年入选中国大学视频公开课，2012 年、2013 年、2014 年分别被评为国家级精品视频公开课、"我最喜爱的中国大学视频公开课"和"中国大学素质教育精品通选课"，自 2012 年 5 月上线以来，点击量一直名列前茅，2012 年有 16 次取得全国周冠军，连续 4 个月冠军。目前点击量是中国 C9 高校中第一名，农林医药课程中点击量第一名，有 20 多万茶友观看此课程。近年来在全国各地及海外作茶文化、茶科技、茶健康公益讲座 300 多场，直接听众 10 多万人。

周继红，浙江大学茶叶研究所博士生，师从王岳飞教授。在校期间曾荣获浙江大学"十佳大学生"、美国"百人会英才奖"、"挑战杯"全国大学生创业计划竞赛银奖等荣誉称号及奖项。中央电视台《开讲啦》栏目常驻青年代表，并参与录制浙江电视台《招考热线》节目，积极传播茶学科与茶文化。

中国茶迎来大时代（代序）

PREFACE

　　中国是茶的故乡，孕育着最古老的茶树和最悠久的茶文化。如今，这一片承载几千年厚重历史的东方树叶已经香飘五大洲，在不同的土地上展现着无尽的风姿。当今世界，约60个国家或地区种茶，30个国家或地区稳定地出口茶叶，150多个国家或地区常年进口茶叶，160多个国家和地区的居民有喝茶习惯，全球约30亿人每天在饮茶。中国茶正跟随着全球化的脚步风靡世界，茶行业举世瞩目，大有可为！

　　近年来，中国茶产业飞速发展，茶园面积、茶叶产量和茶叶消费总量都列世界第一，出口量稳居世界前三。2015年我国茶园总面积达4316万亩，占世界茶园总面积的60%以上；2015年我国干毛茶产量约为227.8万吨，占世界茶叶总产量的40%以上。而绿茶作为中国六大茶类中当之无愧的"领头羊"，是我们的优势茶类，占茶叶总产量和消费总量的近70%；绿茶出口也保持绝对优势，占出口总量的80%以上，在茶叶贸易中发挥支撑作用，如2014年，绿茶出口24.9万吨，金额9.5亿美元。可以说，中国茶已迎来了令人振奋的大时代！

　　中国茶产业规模已步入近5000亿时代。2000年左右，中国茶叶总产值还不到100亿。短短十几年时间，我们就做到了几千亿，增长速度惊人，一年增长量比以前几千年还要多。预计5至10年内，中国茶产业产值将达到10000亿。茶叶作为中国的民生产业，是山区人民的重要经济收入来源之一，中国目前有超3000多万茶农靠茶吃饭，以茶为生。让天下茶人一起努力，共同打造万亿级中国茶产业，更让茶造福天下百姓。

　　中国人均年茶叶消费量实现超1公斤时代。盛世喝茶，乱世酗酒。中国人的饮茶历史已有数千年，到2000年前后，中国人均年茶叶消费量约半斤，而当时全球人均年茶叶消费量近1斤。发展到现在，全球人均年茶叶消费量近700克，而中国人均年茶叶消费量已超1000克。自2010年起，中国人均年茶叶消费量每年增长100克左右：2010年约800克，2011年约900克，2012年约1000克，2013年约1100克，2014已达1200克，一年的增速超越以往千年。我想这个增长速度还会持续十多年，到2030年，中国人均年茶叶消费量有望达到5斤。

　　中国茶文化迎来人人想学茶的时代。几十年前，来听茶课的大多是茶馆、茶店等茶行业内的人，如今，对茶感兴趣的业外人士越来越多，大家纷纷学习茶知识，领悟茶文化，以茶养心，以茶为道。历经千年，茶已经渗透到我们生活的各个层面，其内涵不仅仅是"柴米油盐酱醋茶"的日常饮品，更是"琴棋书画诗酒茶"的意蕴与修为，茶文化已经升华为人们的精神食粮，成为一种修养，一种境界，一种人格力量！

中国茶迎来了大时代，我们更要做好茶科技和茶文化普及和宣传工作。正如周国富会长在中国国际茶文化研究会五届一次理事会上的讲话所言："当今中国茶与茶文化发展正处于极好的历史机遇期。增强茶和茶文化在世界的影响力，扩大中国茶叶在国际茶叶市场的话语权；提升推进茶为国饮、以茶惠民、茶和社会、茶和天下的能力和水平；加强茶资源科技研发、综合开发和人才队伍建设，延伸茶业产业链，提高茶产业综合效益等是摆在我们面前的重大课题。"

让所有有志于茶事的茶人在大时代共襄盛举！

王岳飞

于浙江大学紫金港

目 录
CONTENTS

第三篇 绿茶之类——暗香美韵竞争辉

第四篇 绿茶之制——巧匠精艺出佳茗

第六篇　绿茶之鉴——慧眼识真辨茗茶

第七篇　绿茶之效——万病之药增人寿

第八篇　绿茶之雅——寻茶问道益文思

第九篇　绿茶之扬——天下谁人不识茶

河南信阳茶园（信阳农林学院 王广铭·摄）

第一篇
绿茶之源——茶路漫漫觅芳踪

在各茶类中，绿茶是我国生产历史最悠久、产区最辽阔、品类最丰富、产量最庞大的一类。几千年来，祖先们不断摸索，逐渐形成了完整的绿茶制作工艺。中国绿茶的发展大致经历了生嚼鲜叶、原始绿茶、晒青饼茶、蒸青饼茶、龙团凤饼、蒸青散茶、炒青散茶、窨花绿茶等历程，加工技术愈加完善，是历代茶人不断创新的结果。

《茶之歌》摄于……

一、发乎神农：从生煮羹饮到原始绿茶

茶圣陆羽在《茶经》中有"茶之为饮，发乎神农"的说法，相传神农氏尝百草，尝到了一种有毒的草，顿时感到口干舌麻，头晕目眩。他在树旁休息时，一阵风吹过，将几片带着清香的叶子吹落在他的身旁，神农随后拣了两片放在嘴里咀嚼，顿觉舌底生津，精神振奋，刚才的不适一扫而空。后来人们将这种植物叫做"茶"，由于茶不仅能祛热解渴，还能兴奋精神、医治疾病，因此其最初的应用形式是药用，产量比较少，也常作为祭祀用品。

图 1.1 神农尝茶

此后，茶叶的利用方法进一步发展为生煮羹饮，即把茶叶煮为羹汤来饮用，类似现代的煮菜汤。据古籍《晏子春秋》记载，晏婴身为齐国的国相时生活节俭，平时吃的除了糙米饭外，经常食用的就是"茗菜（即没有晒干的茶鲜叶）"。茶作羹饮的记载可见于晋代郭璞（276—324 年）《尔雅》"槚，苦荼"之注："树小如栀子，冬生叶，可煮羹饮。"《晋书》中也有言："吴人采荼煮之，曰茗粥。"其中的"茗粥"即茶粥，指的便是烧煮的浓茶。

生煮羹饮是直接利用未经任何加工的茶鲜叶，为了更好地保存茶鲜叶，人们逐步将采摘的新鲜茶枝叶利用阳光直接晒干或烧烤后再晒干予以收藏。晒干收藏方法虽然简单，但在没有太阳的日子里却无法操作，于是人们又利用早期出现的"甑"来蒸茶，制成原始的蒸青。蒸完以后为了干燥茶叶，就又发明了锅炒和烘焙至干的方法，从而产生了原始的炒青和烘青。这些原始类型的晒青茶、炒青茶、烘青茶和蒸青茶，在秦汉以前的巴蜀地区可能都已出现。

自秦汉开始，人们开始在茶汤中加入各种配料以调味。三国张揖在《广雅》中记载："巴间采茶作饼，叶老者饼成以米膏出之。欲煮茗饮，先炙令赤色，捣末置瓷器中，以汤浇覆之，用葱、姜、橘子芼之。其饮醒酒，令人不眠"。从中可以看出，当时烹茶要添加葱、姜、橘子等作料，由"采茶作饼"的描述也说明当时在原始散茶的基础上已经发明了原始形态的饼茶。

二、兴于隋唐：从比屋之饮到禅茶一味

隋统一了全国并修造了沟通南北的运河，大大推动了社会经济的发展，也促进了茶产业的繁荣。至唐代，茶叶从南方传到中原，又从中原传到边疆少数民族地区，成为中国国饮，家家户户都饮茶的风尚逐步形成。唐代中期，茶圣陆羽所撰《茶经》从自然科学和人文科学两个方面阐述了茶的艺术，标志着中国茶文化正式形成，开启了中国茶发展的历史新时期。陆羽《茶经》中有言："茶之为饮……盛于国朝，两都并荆渝间，以为比屋之饮。"其中"国朝"指的便是唐朝。

图 1.2 茶圣陆羽出生地——湖北天门

隋唐时期的饮茶方式除延续汉魏两晋南北朝生煮羹饮法的"煮茶法"外，又有"痷茶法"[①]和"煎茶法"。陆羽《茶经·六之饮》："有觕茶、散茶、末茶、饼茶者，乃斫、乃熬、乃炀、乃舂，贮于瓶缶之中，以汤沃焉，谓之痷茶。"记载的便是以沸水冲饮的"痷茶法"，粗、散、末、饼茶皆可泡饮。"煮茶法"作为唐代以前最普遍的饮茶法，往往要添加葱、姜、枣、橘皮、茱萸、薄荷、盐等许多佐料。但陆羽很不欣赏这种饮法，认为破坏了茶的真味，他创立了细煎慢品式的"煎茶法"，不添加繁杂的佐料，最多以盐调味。"煎茶法"在唐代风靡不衰，但煮茶旧习依然难改，尤其是在少数民族地区仍甚为流行。

唐代以饼茶为主，也有粗茶、散茶、末茶等非团饼茶。在原始散茶和饼茶的基础上，隋唐时期创造出了加工较为精细的蒸青饼茶，制成的饼茶有大有小，有方形的、圆形的，也有花形的，并成为了唐代的重要贡茶，尤以宜兴阳羡茶和长兴顾渚茶最负盛名。唐代李肇《唐国史补》中记述："风俗贵茶，茶之名品益众。剑南有蒙顶石花，或小方，或散芽，号为第一；湖州有顾渚之紫笋，东川有神泉、小团、昌明、兽目，峡州有碧涧、明月、芳蕊、茱萸簝，福州有方山之露芽，夔州有香山，江陵有南木，湖南有衡山，岳州有邕湖之含膏，常州有义兴之紫笋，婺州有东白，睦州有鸠坑，洪州有西山之白露，寿州有霍山之黄芽，蕲州有蕲门团黄，而浮梁之商货不在焉。"唐代名优茶种类之多、形式之盛可见一斑。

图1.3 《陆羽烹茶图》元·赵原

该水墨山水画以茶圣陆羽烹茶为题材，画中远山近水，有一山岩平缓突出水面，一轩宏敞，堂上一人，按膝而坐，傍有童子，拥炉烹茶。画题诗："山中茅屋是谁家，兀会闲吟到日斜，俗客不来山鸟散，呼童汲水煮新茶。"

[①]"痷"通淹、腌，浸渍或盐渍之意。

图1.4 大唐贡茶院

　　大唐贡茶院始建于唐大历五年，即公元770年，是中国历史上第一座专门为朝廷加工茶叶的"皇家茶厂"，现为国家重点文物保护单位。位于浙江长兴的大唐贡茶院为仿唐建筑，气势恢宏。

除了饮茶方式和制茶品质的考究外，佛教的禅宗对唐代茶业产生了十分深远的影响。唐代诗人元稹的《一字至七字诗·茶》诗云："茶。香叶，嫩芽。慕诗客，爱僧家。碾雕白玉，罗织红纱。铫煎黄蕊色，碗转曲尘花。夜后邀陪明月，晨前独对朝霞。洗尽古今人不倦，将知醉后岂堪夸。"其中"慕诗客，爱僧家"的描写即是道出了佛教在中国兴起后与茶结下的不解之缘。唐人饮茶之风，最早便是始于僧家，佛教崇尚饮茶，有"茶禅一味"之说，指茶文化与禅文化有共通之处，茶，品人生浮沉；禅，悟涅槃境界。由此可见，自该时期起人们对茶文化的认识已经达到了一种颇为精深的境界。

三、盛起宋元：从散茶方兴到玩茶盛行

到了宋代，作为贡茶的团饼茶，做工精细，饼面又增加了龙凤之类的纹饰，谓之"龙团凤饼"。当时建州北苑凤凰山设有贡焙1300多座，规模宏大，贡品团饼茶有龙团胜雪、贡新銙、玉叶长春等，多达40多品目。宋徽宗赵佶著《大观茶论》称"本朝之兴，岁修建溪之贡，龙团凤饼，名冠天下"。

图 1.5 龙团凤饼图案（自左至右依次为小龙、小凤、大龙、大凤）

北宋前期，制茶主要是以团茶、饼茶为主，然而由于其制作工艺和煮饮方式都比较繁琐，不太适合老百姓日常饮用，于是出现了用蒸青法制成的散茶，并逐渐趋向以散茶为主的茶叶生产趋势。到了元代，散茶已经明显超过团饼茶，成为主要的生产茶类。这一茶类生产的转型，为后来明清的散茶大生产，以及绿茶加工的近代发展之路奠定了技术基础。

两宋时期，制茶技术不断创新，品饮方式日趋精致，"点茶法"成为新的时尚，即是将茶叶末放在茶碗里，注入少量沸水调成糊状，然后再注入沸水，或者直接向茶碗中注入沸水，同时用茶筅（一种用细竹制作的工具，能够促使茶末与水交融成一体）搅动，茶末上浮，形成粥面。茶的优劣，以饽沫出现是否快，水纹露出是否慢来评定。沫饽洁白，水脚晚露而不散者为上。如果茶末研碾细腻，点汤、击拂恰到好处，汤花匀细，有若"冷粥面"，就可以紧咬茶盏，久聚不散，名曰"咬盏"。宋徽宗《大观茶论》称当时饮茶"采择之精、制作之工、品第之胜，烹点之妙，莫不咸造其极"。

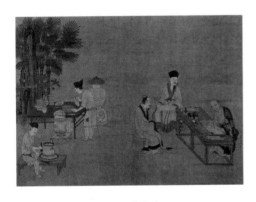

图1.6 《撵茶图》宋·刘松年

该画描绘了宋代从磨茶到烹点的具体过程、用具和点茶场面。画中左前方一仆役坐在矮几上，正在转动碾磨磨茶，桌上有筛茶的茶罗、贮茶的茶盒等。另一人伫立桌边，提着汤瓶点茶（泡茶），他左手边是煮水的炉、壶和茶巾，右手边是贮水瓮，桌上是茶筅、茶盏和盏托。一切显得十分安静整洁，专注有序。画面右侧有三人，一僧伏案执笔作书，传说此高僧就是中国历史上的"书圣"怀素。一人相对而坐，似在观赏，另一人坐其旁，正展卷欣赏。画面充分展示了贵族官宦之家讲究品茶的生动场面，是宋代茶叶品饮的真实写照。

宋太祖赵匡胤嗜好饮茶，该时期茶仪成为礼制，赐茶已成为皇帝笼络大臣、眷怀亲族、甚至向国外使节表示友好的重要手段。由于官僚贵族的倡导示范、文人僧徒的鼓吹传播以及市民阶层的广泛参与，宋朝的饮茶文化已成为一种流行时尚，"玩茶"艺术风靡一时。除"贡茶"外，还衍生出"绣茶""斗茶"，以及文人自娱自乐的"分茶"，民间的茶坊、茶肆中的饮茶方式更是丰富多彩。其中"斗茶"也称"茗战"，就是比赛茶叶与点茶技艺的高下，在宋代极为流行，从文人士大夫直至平民百姓，无不热衷此道，苏东坡就曾有"岭外惟惠俗喜斗茶"的记述；而"分茶"亦称"茶百戏""汤戏"，是一种能使茶汤纹脉形成物象的古茶道，不仅能使茶汤形成丰富的泡沫，还能在茶汤中形成文字和图案，更加提高了点茶的艺术性和娱乐性，也使斗茶活动更为兴盛。

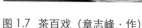

图 1.7 茶百戏（章志峰·作）

四、焕然明清：从炒青当道到清饮之风

明清时期，茶叶生产在唐宋时期的基础上继续发展，茶叶商品消费面更广，从事茶叶生产的人员更多，茶叶的商品性更强，茶业经济的影响更大，同时，茶叶加工技术和品饮方式也产生了重大的变革。在此时期，绿茶的炒青技术逐步超越蒸青方法成为主流，明代张源《茶录》中记述："新采，拣去老叶及枝梗、碎屑。锅广二尺四寸，将茶一斤半焙之，俟锅极热，始下茶急炒。火不可缓，待熟方退火，撤入筛中，轻团那数遍，复下锅中，渐渐减火，焙干为度。"该记载便是炒青绿茶的制法。期间，各地很多炒青绿茶名品不断涌现，如徽州的松萝茶、杭州的龙井茶、歙县的大方、嵊县的珠茶、六安的瓜片等等。以炒法加工的绿茶已成为人们的主要品饮对象，花茶也渐渐在民间普及。至清代，乡村市肆茶馆林立。饮茶之风盛于明代，茶叶成为珍品，流行于官场士大夫和文人间，大量名茶应时而生，六大茶类逐步确立。

为去奢靡之风、减轻百姓负担，明太祖朱元璋下令茶制改革，用散茶代替饼茶进贡，叶茶和芽茶逐步成为茶叶生产和消费的主导。此后，朱元璋的第十七子朱权也倡导从简清饮之风，大胆改革传统饮茶的繁琐程序，其所著《茶谱》一书特别提出讲求茶的"自然本性"和"真味"，反对繁复华丽和"雕镂藻饰"，从而形成一套从简行事的烹饮方法。

明清时期，散茶（叶茶、草茶）独盛，炒青工艺风靡，茶风也为之一变。明代开始，用沸水直接冲泡散茶的"撮泡法"，逐渐代替了唐代的饼茶煎饮法和宋代的末茶点饮法。明代陈师《茶考》称："杭俗烹茶，以细茗置茶瓯，以沸汤点之，名为撮泡。"今日流行的泡茶法也多是明代撮泡的延续，为当下中国最普遍的饮茶方式。

图 1.8 清代外销画《中国古代茶作图》

表 1.1 绿茶品饮方式的变迁

品饮方式	历史时期	品饮步骤	适用茶叶类型
咀嚼生食	远古时代	直接咀嚼茶鲜叶	茶鲜叶
生煮羹饮	汉魏两晋南北朝	将茶鲜叶烹煮成羹汤而饮，类似喝蔬菜汤，故又称之为"茗粥"	茶鲜叶
淹茶法	隋唐	"淹茶"即为用沸水泡茶：将茶叶先碾碎，再煎熬、烤干、舂捣，然后放在瓶子或细口瓦器中，灌上沸水浸泡后饮用	粗茶、散茶、末茶、饼茶
煮茶法	唐	把细碎的干茶投入瓶子或缶中，再加上葱、姜、橘等调料，倒入罐中煎煮后饮用	干茶
煎茶法	中晚唐至南宋末年	团饼茶经过炙、碾、罗等工序，成细微粒的茶末，再根据水的煮沸程度（如鱼目微有声，为一沸；锅边缘如涌泉连珠，为二沸；腾波鼓浪，为三沸），在"二沸"时投入茶末煎煮，然后趁热连饮	团饼茶
点茶法	宋	将团茶碾成细末，置入盏内，冲入少许沸水，搅拌调匀，再注入更多的沸水，并以茶筅搅打至稠滑状态即饮	团饼茶
撮泡法	元明清	置茶于茶壶或盖瓯中，以沸水冲泡，再分酾到茶盏（瓯、杯）中饮用	散茶

表1.2　绿茶加工发展史

绿茶加工类型	历史时期	加工方法	工艺优缺点
茶鲜叶	远古时期	直接咀嚼茶鲜叶,后来便生火煮羹饮或以茶做菜来食用	直接食用鲜叶口感苦涩,风味欠佳;有较大的季节和地域局限性,在不出产茶的季节或地区便无法进行利用
原始绿茶	春秋	将茶鲜叶通过阳光曝晒、烧烤、蒸制、锅炒等方式进行干燥	能够长时间保存茶叶,随取随用
晒青饼茶	汉魏两晋南北朝	将散装茶叶与米膏混合制成茶饼,再晒干或烘干	出现了茶叶的简单加工,制成的饼茶方便运输,是制茶工艺的萌芽;但初加工的晒青饼茶仍有很浓的青草味
蒸青饼茶	唐	将茶的鲜叶蒸后碎制,饼茶穿孔,贯串烘干	克服了晒青茶残留的浓重青草气,使茶叶香气更加鲜爽;但仍有明显的苦涩味
龙团凤饼	宋	将采回的茶鲜叶浸泡在水中,挑选匀整芽叶进行蒸青,蒸后冷水清洗,小榨去水,大榨去茶汁,然后置于瓦盆内兑水研细,再入龙凤模压饼、烘干	改进蒸青饼茶工艺,通过洗涤鲜叶、压榨去汁使茶叶苦涩味降低;同时,冷水快冲还可保持茶叶绿色;但是,压榨去汁的做法使茶的香气与滋味大量流失,且整个制作过程耗时费工
蒸青散茶	宋元	在原有蒸青团饼茶的加工过程中,采取蒸后不揉不压,直接烘干的处理方法	蒸后直接烘干,很好地保持了茶叶的香味;但是,使用蒸青方法,依然存在香味不够浓郁的缺点
炒青散茶	明清	高温杀青、揉捻、复炒、烘焙至干,这种工艺与现代炒青绿茶制法非常相近	利用锅炒的干热,充分激发茶叶的馥郁美味
窨花绿茶	明清	将散茶与桂花、茉莉、玫瑰、蔷薇、兰蕙、橘花、栀子、木香、梅花等香花混合,茶将香味吸收后再把干花筛除	制成的花茶香味浓郁,具有独特的滋味

五、郁勃当代：从东方树叶到世界翘楚

绿茶是人类饮用历史最悠久的茶类，距今三千多年前，古代人类采集野生茶树芽叶晒干收藏，就可以看作是广义上的绿茶粗加工的开始。而真正意义上的绿茶加工则是始于公元 8 世纪蒸青制法的发明与应用。到了 12 世纪又发明出了炒青制法，至此绿茶加工技术已比较成熟，一直沿用至今，并不断完善。直至今日，在我国所有的茶叶品种中，绿茶仍是毫无异议的领跑者，速溶茶、袋泡茶、茶饮料等饮用方式的出现也开拓了绿茶的新兴茶饮法。

在我国的茶产业中，绿茶产量最大，产区分布最广。2014 年，按照茶叶类别统计，我国茶叶生产以绿茶、青茶、黑茶、红茶为主，其中绿茶产量达 133.26 万吨，占总产量的 60% 以上。出口方面，绿茶也始终处于领跑地位，2014 年绿茶出口 24.9 万吨，金额 9.5 亿美元，占出口总量的 80% 以上。

中国不仅是绿茶的主产国，也是绿茶消费大国，绿茶消费量占茶叶总消费量的 70% 以上，增幅巨大。内销绿茶的主力军是名优绿茶，市场遍及全国各大中城市和乡村。

随着科学领域对绿茶保健功效的广泛认可，绿茶在世界上越来越受到消费者青睐，在世界卫生组织提出的六大保健饮品（绿茶、红葡萄酒、豆浆、酸奶、骨头汤、蘑菇汤）中，绿茶更是位列榜首。在国际市场上，我国绿茶占国际贸易量的 70% 以上，销售区域遍及北非、西非各国及法国、美国、阿富汗等 50 多个国家和地区，同时，茶文化作为中国特色传统文化，也越来越受到世界各国的关注与喜爱，可以说，中国绿茶正迈着稳健的脚步走向世界。

图 1.9 米兰世博会上的中国茶文化周

第二篇
绿茶之出——青山隐隐育锦绣

　　绿茶作为中国历史上最早出现的茶类，占目前中国茶叶总产量的70%以上。1959年全国"十大名茶"评比会评选出的中国十大名茶（西湖龙井、洞庭碧螺春、黄山毛峰、庐山云雾茶、六安瓜片、君山银针、信阳毛尖、武夷岩茶、安溪铁观音、祁门红茶）中，有六款（西湖龙井、洞庭碧螺春、黄山毛峰、庐山云雾、六安瓜片、信阳毛尖）为绿茶。我国绿茶的种植范围十分广泛，各大产茶区几乎都生产绿茶，并且种类繁盛、名品荟萃，以优良的品质驰名中外。

贵州都匀茶园水库（卢桃·摄）

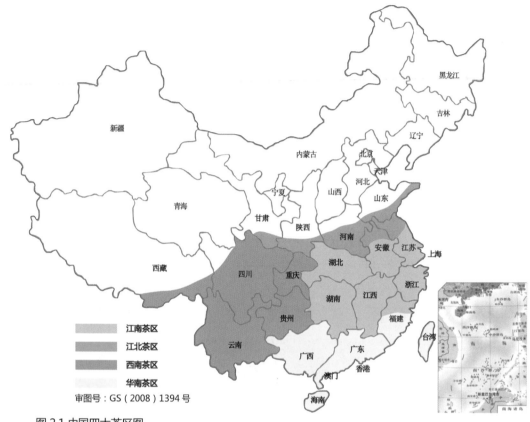

审图号：GS（2008）1394号

图2.1 中国四大茶区图

图例：
- 江南茶区
- 江北茶区
- 西南茶区
- 华南茶区

一、绿茶适生环境

茶树具有喜温、喜湿、耐荫的特性，其生长需要有良好的生态环境。最适温度较多认为是25℃左右，春季茶芽萌发的起始温度是日平均气温稳定在约10℃，但因品种、地区和年份不同有差异；宜茶地区最适宜的年降水量为1500毫米左右，茶树生长活跃期的空气相对湿度以80%～90%为宜；地势方面，一般以海拔800米左右的山区为宜。

总体而言，茶叶生产有着"南红北绿"的基本规律，即低纬度地区适宜生产红茶，较高纬度地区（北纬25~30度）适宜生产绿茶，北纬30度带也被称为出产茶叶的"黄金纬度"，江南茶区与西南茶区穿线而过，中国十大名茶中全部绿茶都出产自北纬30

度左右的优质茶叶产区带。①

此外，土壤条件也是出产优质茶叶的重要指标。茶树是多年生深根作物，根系庞大，故要求土层深厚疏松为宜，有效土层应达 1 米以上，且 50 厘米之内无硬结层或粘盘层；从土壤质地来说，从壤土类的砂质壤土到黏土类的壤质黏土中都能种茶，但以壤土为佳；茶树喜水，但怕渍水，要求土壤具有良好的排水性和保水性，多雨地区的山坡、沙壤土、碎石土等都是较好的选择；同时，茶树是典型的喜酸性土壤作物，土壤 pH 值在 4.0~5.5 为宜。

我国名优绿茶主要分布在山区，素有"高山出好茶"的说法，究其原因主要归纳为以下三个方面：①山区气温随着海拔的升高而降低，科学分析表明，茶树新梢中茶多酚和儿茶素的含量随气温的降低而减少，从而使茶叶的苦涩味减轻；而茶叶中氨基酸和芳香物质的含量却随着气温的降低而增加，这就为茶叶滋味的鲜爽甘醇提供了物质基础，使得许多高山茶具有显著的独特香气。②高山往往多云雾，一方面阳光经雾珠折射，使得红橙黄绿蓝靛紫七种可见光中的红黄光得到加强，从而使茶树芽叶中的氨基

酸、叶绿素和水分含量明显增加；二是由于高山森林茂盛，茶树接受光照时间短、强度低、漫射光多，有利于茶叶中含氮化合物的增加；三是由于高山植被铺盖和缭绕的云雾增加了土壤和空气的湿度，从而使茶树芽叶光合作用形成的糖类化合物缩合困难，纤维素不易形成，茶树新梢可在较长时期内保持鲜嫩而不易粗老，对绿茶品质的改善十分有利。③高山植被繁茂，枯枝落叶多，地面形成了一层厚厚的覆盖物，不仅使土壤质地疏松、结构良好，还增加了有机质含量，使茶叶所含有效成分愈加丰富，加工成的茶叶香高味浓。

二、绿茶产地初探

2014 年中国茶叶种植面积为 265.0 万公顷，是全球茶叶种植面积最大的国家，占全球茶叶种植面积的 60.6%。中国茶区分布在北纬 18~37 度、东经 94~122 度的广阔范围内，主要产茶的省份（自治区、直辖市）共有 20 个，遍布 1000 多个县市，总体可分为江南茶区、江北茶区、西南茶区和华南茶区。

①西湖龙井产于北纬 30°15′左右，洞庭碧螺春产于北纬 31°左右，黄山毛峰产于北纬 30°08′左右，庐山云雾产于北纬 29°35′左右，六安瓜片产于北纬 31°38′左右，信阳毛尖产于北纬 32°13′左右。

各大产茶区几乎都生产绿茶，其中浙江、安徽、江苏、江西、湖南、湖北、贵州、四川、重庆等地区是绿茶的主要产区；广东、广西、福建、台湾、海南、云南等地区绿茶产量相对较少；长江以北的河南、山东、陕西等地虽主要生产绿茶，但产量相对而言比较少；此外，西藏、甘肃等地也生产少量绿茶。

表 2.1　中国四大茶区简介

四大茶区	地理位置	气候特征	土壤类型	茶树品种
江南茶区	位于中国长江中、下游南部，包括浙江、湖南、江西等省和皖南、苏南、鄂南等地	基本上属于亚热带季风气候，四季分明，温暖宜人，年平均气温为15℃~18℃。年降水量1400~1600毫米，以春夏季为多	主要为红壤，部分为黄壤或棕壤，少数为冲积壤	以灌木型为主
江北茶区	位于长江中、下游北岸，包括河南、陕西、甘肃、山东等省和皖北、苏北、鄂北等地	年平均气温较低，冬季漫长，年平均气温为15℃~16℃，冬季绝对最低气温一般为-10℃左右，容易造成茶树冻害；年降水量在1000毫米以下，且分布不匀，常使茶树受旱	多属黄棕壤或棕壤，是中国南北土壤的过渡类型	抗寒性较强的灌木型中小叶种
西南茶区	位于中国西南部，包括云南、贵州、四川三省以及西藏东南部	大部分地区均属亚热带季风气候，气候变化大，年平均气温15℃~18℃，年降水量大多在1000毫米以上，多雾，适合大叶种茶树的生长培育	土壤类型较多，重庆、四川、贵州和西藏东南部以黄壤为主，有少量棕壤；云南主要为赤红壤和山地红壤	茶树品种资源丰富，有灌木型、小乔木型茶树，部分地区还有乔木型茶树
华南茶区	位于中国南部，包括广东、广西、福建、台湾、海南等地	属热带季风气候，水热资源丰富，平均气温19℃~22℃，年平均降水量达1500毫米	以砖红壤为主，部分地区也有红壤和黄壤分布，土层深厚，有机质含量丰富	茶树资源极为丰富，以乔木型和小乔木大叶种偏多

（一）江南茶区

江南茶区是绿茶的主产区，也是中国名优绿茶最多的茶区。茶园主要分布在丘陵地带，少数在海拔较高的山区，出产的著名绿茶有西湖龙井、黄山毛峰、洞庭碧螺春、庐山云雾等。

安徽黄山茶园

安徽泾县茶园

安徽省金寨县响洪甸茶园

湖北恩施茶园①

湖北恩施茶园②

湖北省英山云雾茶产区茶园（《采茶忙》摄于东冲河村　作者：吴于光）

湖北省英山云雾茶产区茶园（《云雾茶香》摄于东冲河村　作者：吴于光）

湖北省英山云雾茶产区茶园（《茶乡风光》摄于东冲河村　作者：吴于光）

湖南长沙茶园（长安基地①）

湖南长沙茶园（长安基地②）

湖南长沙茶园

江苏南京溧青茶园（袁高亮·摄）

江西浮梁生态茶园①

江西浮梁生态茶园②

浙江安吉溪龙乡安吉白茶①

浙江安吉溪龙乡安吉白茶①

浙江千岛湖茶园

浙江长兴茶园

图 2.2 江南茶区茶园

（二）江北茶区

　　江北茶区是中国最北的茶区，主产绿茶。少数山区有良好的微域气候，所产绿茶具有香气高、滋味浓、耐冲泡的特点，比较著名的有六安瓜片、信阳毛尖、崂山绿茶等。

河南省蓝天茗茶茶园

王母观茶园竹情

河南信阳茶园①（信阳农林学院　王广铭·摄）

河南信阳茶园②（信阳农林学院　王广铭·摄）

山东日照茶园（日照圣谷山提供）

山东日照茶园（日照圣谷山提供）

山东日照茶园（汪姗姗·摄）

山东泰安茶园（泰安市泰山女儿旅游商贸有限公司茶园）

图 2.3 江北茶区茶园图

（三）西南茶区

　　西南茶区是我国最古老的茶区，拥有丰富的茶树品种资源。该茶区地形复杂，地势较高，主要为高原和盆地，有些同纬度地区海拔高低悬殊。出产的著名绿茶有蒙顶甘露、竹叶青、都匀毛尖等。

贵州毕节纳雍茶园风貌

贵州毕节平塘茶园风貌

州都匀茶园①（谭庆恒·摄）

贵州都匀茶园②（谭庆恒·摄）

州都匀茶博园（卢桃·摄）

贵州省印江梵净山银辉茶厂（文言·摄）

贵州石阡茶园厂区风光（王宋波、饶登祥·摄）

贵州石阡茶园（王宋波、饶登祥·摄）

州遵义凤冈茶园（《茶海晨曦》陈晓燕·摄）

州遵义凤冈茶园（《田坝茶海晨雾》汤权·摄）

图 2.4 西南茶区茶园图

（四）华南茶区

华南茶区为中国最适宜茶树生长的地区，茶资源极为丰富。出产的著名绿茶有海南的白沙绿茶等。

广西贺州姑婆山方家茶园①（刘兴枝·摄）

广西贺州姑婆山方家茶园②（刘兴枝·摄）

图 2.5 华南茶区茶园图

二、名优绿茶盘点

（一）江南茶区名优绿茶

1．西湖龙井

历史地位：位列中国十大名茶之首。西湖龙井有着1200多年的悠久历史，清乾隆游览杭州西湖时，盛赞西湖龙井茶，把狮峰山下胡公庙前的十八棵茶树封为"御茶"。新中国成立后被列为国家外交礼品茶。

主要产地：浙江省杭州市西湖区的狮峰、龙井、五云山、虎跑、梅家坞等地。

茶区特征：气候温和，雨量充沛，有充足的漫射光。土壤微酸，土层深厚，排水性好。总体气候条件十分优越。

制作工序：特级龙井茶采摘标准为一芽一叶和一芽两叶初展的鲜嫩芽叶。采摘后经摊放→青锅→理条整形→回潮（二青叶筛分和摊凉）→辉锅→干茶筛分→归堆→收灰等工序加工而成。

品质特征：素以"色绿、香郁、味甘、形美"四绝著称。形似碗钉光扁平直，色翠略黄似糙米色；内质汤色碧绿清莹，香气幽雅清高，滋味甘鲜醇和，叶底细嫩呈朵。

图 2.6 西湖龙井

2. 大佛龙井

龙井茶因其产地不同，分为西湖龙井、大佛龙井、钱塘龙井、越州龙井四种，除了西湖产区 168 平方公里的茶叶叫作西湖龙井外，其他产地出产的俗称为"浙江龙井"。浙江龙井又以大佛龙井为胜。

历史地位：浙江省十大名茶之一，曾多次荣获全国、省农业名牌产品称号，现销售区域已覆盖全国二十多个省市，品牌信誉和知名度不断提高。

主要产地：中国名茶之乡——浙江省新昌县。

茶区特征：大佛龙井茶生长于唐朝诗仙李白曾经为之梦游的浙江新昌境内环境秀丽的高山云雾之中，茶区群山环绕、气候温和、雨量充沛、土地肥沃。

制作工序：鲜叶采摘标准是完整的一芽一叶，后经摊放→杀青→摊凉→辉干→整形等工序加工而成。

品质特征：外形扁平光滑，尖削挺直，色泽绿翠匀润，嫩香持久沁人，滋味鲜爽甘醇，汤色杏绿明亮，叶底细嫩成朵，具有典型的高山风味。

图 2.7 大佛龙井

3. 径山茶

历史地位：径山茶始于唐代，闻名于两宋，从宋代起便被列为"贡茶"。1978 年由张堂恒教授恢复制作成功，此后相继获得"中国文化名茶""浙江省十大名茶""浙江省十大地理标志区域品牌""中国驰名商标"等诸多称号。日本僧人南浦昭明禅师曾经在径山寺研究佛学，后来把茶籽带回日本，是如今很多日本茶叶的茶种。

主要产地：浙江省杭州市余杭区西北境内之天目山东北峰的径山。

茶区特征：径山海拔1000米，青山碧水，重峦叠嶂。茶园土壤肥沃，结构疏松；峰顶浮云缭绕，雾气氤氲；山上泉水众多，旱不涸、雨不溢。

制作工序：于谷雨前后采摘一芽一二叶的鲜叶，经摊放→杀青摊凉→轻揉、解块→初烘、摊凉→低温烘干等工序加工而成。

品质特征：外形紧细显毫，色泽翠绿；内质汤色绿明，栗香持久，滋味甘醇爽口，叶底绿云成朵。

图 2.8 径山茶

4．开化龙顶

历史地位：开化龙顶创制于20世纪50年代，从1957年开始研制，曾一度产制中断，1979年恢复生产，并成为浙江名茶中的新秀，2004年被评为浙江省十大名茶。

主要产地：浙江省开化县齐溪镇的大龙山、苏庄镇的石耳山、张湾乡等地。

茶区特征：茶区地势高峻，山峰耸叠，溪水环绕，气候温和，地力肥沃。"兰花遍地开，云雾常年润"，自然环境十分优越。

制作工序：清明至谷雨前，选用长叶形、发芽早、色深绿、多茸毛、叶质柔厚的鲜叶，以一芽二叶初展为标准。经摊放→杀青→揉捻→烘干至茸毛略呈白色→100℃斜锅炒至显毫→烘至足干等工序加工而成。

品质特征：色泽翠绿多毫，条索紧直苗秀，香气清高持久，具花香，滋味鲜爽浓醇，汤色清澈嫩绿，叶底成朵明亮。

图 2.9 开化龙顶

5. 武阳春雨

历史地位：浙江省十大名茶之一。1994 年由武义县农业局研制开发，问世以来屡获殊荣，1999 年获全国农业行业最高奖——99 中国国际博览会"中国名牌产品"，并荣获首届"中茶杯"名茶评比一等奖等荣誉。

主要产地：浙中南"中国有机茶之乡"武义县。

茶区特征：武义地处浙中南，境内峰峦叠翠，环境清幽，四季分明，热量充足，无霜期长，风清气润，土质松软，植茶条件优越。

制作工序：鲜叶采摘后经摊放→杀青→理条做形→烘焙等工序加工而成。

品质特征：形似松针丝雨，色泽嫩绿稍黄，香气清高幽远，滋味甘醇鲜爽，具有独特的兰花清香。

图 2.10 武阳春雨

6. 望海茶

历史地位：20 世纪 80 年代初，在林特部门的努力下，宁海名茶老树开花，新创名茶"望海茶"成为宁波市唯一的省级名茶，从而带动了整个宁波市名茶的发展，先后被认定为宁波名牌产品、浙江名牌产品、浙江省著名商标。

主要产地：国家级生态示范区浙江省宁波市宁海县境内。

茶区特征：茶园在海拔超过 900 米的高山上，四季云雾缭绕，空气湿润，土壤肥沃，生态环境十分优越。

制作工序：鲜叶采摘后经摊放→杀青→摊凉→揉捻→理条→初烘→摊凉还潮→足火→筛分分装等工序加工而成。

品质特征：外形细嫩挺秀、翠绿显亮，香气清香持久，汤色清澈明亮，滋味鲜爽回甘，叶底芽叶成朵、嫩绿明亮，尤其以干茶色泽翠绿、汤色清绿、叶底嫩绿的"三绿"特色而独树一帜。

图 2.11 望海茶

7. 顾渚紫笋

历史地位：浙江传统名茶，自唐朝广德年间便作为贡茶进贡，可谓是进贡历史最久、制作规模最大、茶叶品质最好的贡茶。明末清初，紫笋茶逐渐消失，直至 20 世纪 70 年代末，当地政府重新试产、培育紫笋茶，才得以重新扬名光大。

主要产地：浙江省湖州市长兴县水口乡顾渚山一带。

茶区特征：顾渚山海拔 355 米，西靠大山，东临太湖，气候温和湿润，土质肥沃，极适宜茶叶生长。唐代湖州刺史张文规有"茶生其间，尤为绝品"的评价。茶圣陆羽置茶园于此，并作《顾渚山记》云"与朱放辈论茶，以顾渚为第一"。

制作工序：采摘一芽一叶初展或一芽一叶的鲜叶，经摊放→杀青→炒干整形→烘焙等工序加工而成。

品质特征：顾渚紫笋因其鲜茶芽叶微紫，嫩叶背卷似笋壳而得名。成品色泽翠绿，银毫明显，兰香扑鼻；茶汤清澈明亮，味甘醇而鲜爽，叶底细嫩成朵，有"青翠芳馨，嗅之醉人，啜之赏心"之誉。

图 2.12 顾渚紫笋

8．松阳银猴

历史地位：浙江省新创制的名茶之一，2004 年被评为浙江十大名茶之一。

主要产地：浙江省松阳县瓯江上游古市区半古月谢猴山一带。

茶区特征：产地位于国家级生态示范区浙南山区，境内卯山、万寿山、马鞍山、箬寮观等群山环抱，云雾缥缈，溪流纵横交错，气候温和，雨量充沛，土层深厚，有机质含量丰富，瓯江蜿蜒其间，生态环境优越。

制作工序：于清明至谷雨期间采摘鲜叶，经摊放→杀青→揉捻→造型→烘焙等工序加工而成。

品质特征：条索粗壮弓弯似猴，满披银毫，色泽光润；香高持久，滋味鲜醇爽口，汤色清澈嫩绿；叶底嫩绿成朵，匀齐明亮。

图 2.13 松阳银猴

9. 安吉白茶

历史地位：浙江名茶的后起之秀，2004年被评为浙江十大名茶之一。

主要产地：中国竹乡浙江省安吉县。

茶区特征：安吉白茶生长于原始植被丰富、森林覆盖率高达70%以上的浙江西北部天目山北麓、地形为"畚箕形"的辐射状地域内，天目山和龙王山自然保护区为茶区筑起了一道天然屏障。安吉气候宜人，土壤中含有较多的钾、镁等微量元素，十分适宜茶树生长。

制作工序：采摘玉白色一芽一叶初展鲜叶，经摊放→杀青→理条→烘干→保存等工序加工而成。

品质特征：外形挺直略扁，形如兰蕙，色泽翠绿，白毫显露，叶芽如金镶碧鞘，内裹银箭；冲泡后，清香高扬且持久，滋味鲜爽；叶底嫩绿明亮，芽叶朵朵可辨。

图2.14 安吉白茶

10. 金奖惠明

历史地位：浙江传统名茶、全国重点名茶之一，明成化年间列为贡品，曾获巴拿马万国博览会金质奖章和一等证书。

主要产地：浙江省景宁畲族自治县红垦区赤木山惠明寺及际头村附近。

茶区特征：产区地形复杂，地势由西南向东北渐倾，土壤属酸性砂质黄壤土和香灰土，富含有机质。气候冬暖夏凉、雨水充沛、绿树环绕，加之云雾密林形成的漫射光，极有利于茶树的生长发育。

制作工序：经鲜叶处理→杀青→揉捻→理条→提毫整形→摊凉→炒干→拣剔贮藏等工序加工而成。

品质特征：干茶色泽翠绿光润，银毫显露。冲泡后芽芽直立，旗枪辉映，滋味鲜爽甘醇，汤色清澈，带有兰花及水果香气，叶底嫩匀成朵。

图 2.15 金奖惠明

11. 千岛玉叶

历史地位：该茶由千岛湖林场（原名排岭林场）于1982年创制，1983年浙江农业大学教授庄晚芳亲笔提名"千岛玉叶"，1991年获"浙江名茶"证书，并先后取得"省级金奖产品"和"浙江省十大名茶"等称号。

主要产地：浙江省淳安县千岛湖畔。

茶区特征：茶区位于新安江水库蓄水形成的人工湖岛屿上，湖光潋滟，烟波浩渺，空气湿润，气候凉爽。

制作工序：选取当地鸠坑良种，采摘清明前后一芽一叶初展的鲜叶，吸取龙井茶炒制技术精华，经杀青做形→筛分摊凉→辉锅定型→筛分整理四道工序加工而成。

品质特征：外形扁平挺直，绿翠露毫；内质清香持久，汤色黄绿明亮，滋味醇厚鲜爽，叶底肥嫩、匀齐成朵。

图 2.16 千岛玉叶

12．洞庭碧螺春

历史地位：中国十大名茶之一。碧螺春茶已有1000多年历史，在清代康熙年间就已成为年年进贡的贡茶。

主要产地：江苏省苏州市吴县太湖的东洞庭山及西洞庭山（今苏州吴中区）一带。

茶区特征：茶园地处洞庭山，是三面或四面环水的湖岛，自然条件优异。土壤由石英砂岩及紫云母砂岩所构成，适宜茶树生长。产区是中国著名的茶、果间作区，茶树、果树枝丫相连，根脉相通，茶吸果香，花窨茶味，陶冶着碧螺春花香果味兼备的天然品质。

制作工序：经杀青→揉捻→搓团显毫→烘干等工序加工而成。

品质特征：外形条索纤细，茸毛遍布，白毫隐翠；泡成茶后，色嫩绿明亮，味道清香浓郁，饮后有回甜之感。

图 2.17 洞庭碧螺春

13．南京雨花茶

历史地位：新中国成立后，集中了当时江苏省内的茶叶专家和制茶高手于中山陵园，选择南京上等茶树鲜叶，经过数十次反复改进，制成"形如松针，翠绿挺拔"的茶叶产品，以此来意喻革命烈士忠贞不屈、万古长青，并定名为"雨花茶"，使人饮茶思源，表达对雨花台革命烈士的崇敬与怀念。

主要产地：南京市的中山陵、雨花台一带的风景园林名胜处，以及市郊的江宁、高淳、溧水、六合一带。

茶区特征：南京县郊茶树大多种植在丘陵黄壤岗坡地上，年均气温15.5℃，无霜期225天，年降水量在900～1000毫米，土壤属酸性黄棕色土壤，适宜茶树生长。

制作工序：鲜叶采摘以一芽一叶为标准，经轻度萎凋→高温杀青→适度揉捻→整形干燥等工序加工而成。

品质特征：外形短圆，色泽幽绿，条索紧直，锋苗挺秀，带有白毫。干茶香气浓郁，冲泡后香气清雅，如清辉照林，意味深远。茶汤绿透银光，毫毛丰盛。滋味醇和，回味持久。

图 2.18 南京雨花茶

14. 黄山毛峰

历史地位：中国十大名茶之一，由清代光绪年间谢裕大茶庄创制。

主要产地：安徽省黄山（徽州）一带。

茶区特征：茶区位于亚热带和温带的过渡地带，降水相对丰沛，植被繁茂，同时山高谷深，溪多泉清湿度大，岩峭坡陡能蔽日。

制作工序：经鲜叶采摘→杀青→揉捻→干燥等工序加工而成。

品质特征：外形微卷，状似雀舌，绿中泛黄，银毫显露，且带有金黄色鱼叶（俗称黄金片）；入杯冲泡雾气结顶，汤色清碧微黄，叶底黄绿，滋味醇甘，香气如兰，韵味深长。

图 2.19 黄山毛峰

15．太平猴魁

历史地位：中国十大名茶之一，2004 年在国际茶博会上获得"绿茶茶王"称号。

主要产地：安徽省太平县（现改为黄山市黄山区）一带。

茶区特征：该区低温多湿，土质肥沃，云雾笼罩。茶园皆分布在 350 米以上的中低山，茶山地势多坐南朝北，位于半阴半阳的山脊山坡。土质多为黑沙壤土，土层深厚，富含有机质。

制作工序：采摘谷雨前后的一芽三叶初展，经杀青→毛烘→足烘→复焙等工序加工而成。

品质特征：外形两叶抱芽，扁平挺直，自然舒展，白毫隐伏，有"猴魁两头尖，不散不翘不卷边"的美名。叶色苍绿匀润，叶脉绿中隐红，俗称"红丝线"；兰香高爽，滋味醇厚回甘，汤色清绿明澈，叶底嫩绿匀亮，芽叶成朵肥壮。

图 2.20 太平猴魁

16．涌溪火青

历史地位：涌溪火青在清代已是贡品，曾属中国十大名茶之一。

主要产地：安徽省泾县榔桥镇涌溪村。

茶区特征：涌溪是一林茶并举的纯山区，山体高大林密，土壤主要为山地黄壤，土层深厚疏松，结构良好，富含腐殖质。地处北亚热带，气候温和湿润，风力小，符合茶树生长发育的需要。

制作工序：采摘八分至一寸长的一芽二叶，经杀青→揉捻→烘焙→滚坯→做形→炒干→筛分等工序加工而成。

品质特征：外形圆紧卷曲如发髻，色泽墨绿，油润乌亮，白毫显露耐冲泡，汤色黄绿明净；兰花鲜香，高且持久，叶底黄绿明亮，滋味爽甜，耐人回味。

图 2.21 涌溪火青

17. 庐山云雾

历史地位： 中国传统十大名茶之一，始产于汉代，已有一千多年的栽种历史。

主要产地： 江西省九江市庐山。

茶区特征： 庐山北临长江、南倚鄱阳湖，庐山云雾茶的主要茶区在海拔 800 米以上的含鄱口、五老峰、汉阳峰、小天池、仙人洞等地，这里由于江湖水汽蒸腾而常年云海茫茫，一年中有雾的日子可达 195 天之多，造就了云雾茶独特的品质特征。

制作工序： 采摘 3 厘米左右的一芽一叶初展，经杀青→抖散→揉捻→炒二青→理条→搓条→拣别→提毫→烘干等工序加工而成。

品质特征： 茶芽肥壮绿润多毫，条索紧凑秀丽，香气鲜爽持久，滋味醇厚甘甜，汤色清澈明亮，叶底嫩绿匀齐。

图 2.22 庐山云雾

18. 恩施玉露

历史地位： 中国传统名茶，据历史记载，清康熙年间就开始产茶，1936 年起采用蒸汽杀青。

主要产地：湖北省恩施市南部的芭蕉乡及东郊五峰山。

茶区特征：恩施市位于湖北省西南部，地处武陵山区腹地，山体宏大，河谷深邃，土壤肥沃，植被丰富，四季分明，冬无严寒，夏无酷暑，终年云雾缭绕，被农业部和湖北省政府确定为优势茶叶区域。

制作工序：选用叶色浓绿的一芽一叶或一芽二叶鲜叶经蒸汽杀青制作而成，传统加工工艺为：蒸青→扇干水汽→铲头毛火→揉捻→铲二毛火→整形上光（手法为搂、搓、端、扎）→拣选。

品质特征：条索紧细、圆直，外形白毫显露，色泽苍翠润绿，形如松针，汤色清澈明亮，香气清鲜，滋味醇爽，叶底嫩绿匀整。

图 2.23 恩施玉露

（二）江北茶区名优绿茶

1. 六安瓜片

历史地位：中华传统历史名茶，清代为朝廷贡品，中国十大名茶之一。

主要产地：安徽省六安市大别山一带。

茶区特征：山高地峻，树木茂盛，年平均气温15℃，年平均降雨量1200~1300毫米。土壤疏松，土层深厚，云雾多，湿度大，适宜茶树生长。

制作工序：每逢谷雨前后十天之内采摘，采摘时取二、三叶，经扳片→生锅→熟锅→毛火→小火→老火等工序加工而成。

品质特征：在所有茶叶中，六安瓜片是唯一一种无芽无梗、由单片生叶制成的茶品。似瓜子形的单片，自然平展，叶缘微翘，色泽宝绿，大小匀整，不含芽尖、茶梗，清香高爽，滋味鲜醇回甘，汤色清澈透亮，叶底绿嫩明亮。

图 2.24 六安瓜片

2. 信阳毛尖

历史地位：中国十大名茶之一。1915 年在巴拿马万国博览会上获金质奖。1990 年信阳毛尖品牌参加国家评比，取得绿茶综合品质第一名。

主要产地：河南省信阳市和新县、商城县及境内大别山一带。

茶区特征：年平均气温为 15.1℃，年平均降雨量为 1134.7 毫米，山势起伏，森林密布，云雾弥漫，空气湿润（相对湿度 75% 以上）。土壤多为黄、黑砂壤土，深厚疏松，腐殖质含量较多，肥力较高，pH 值在 4~6.5 之间。

制作工序：采摘一芽一叶或一芽一叶初展的鲜叶，经生锅→熟锅→理条→初烘→摊凉→复烘等工序加工而成。

品质特征：外形细、圆、光、直、多白毫，色泽翠绿，冲后香高持久，滋味浓醇，回甘生津，汤色明亮清澈，叶底嫩绿匀亮、芽叶匀齐。

图 2.25 信阳毛尖

3. 崂山绿茶

历史地位：1959 年，崂山区"南茶北引"获得成功，成功培育了品质独特的崂山绿茶，成就了"仙山圣水崂山茶"的显贵地位。

主要产地：山东省青岛市崂山区。

茶区特征：崂山地处黄海之滨，属温带海洋性季风气候，土壤肥沃，土壤呈微酸性，素有"北国小江南"之称。

制作工序：鲜叶采摘后经摊放→杀青→揉捻→干燥等工序加工而成。

品质特征：具有叶片厚、豌豆香、滋味浓、耐冲泡等特征，特级崂山绿茶色泽翠绿，汤色嫩绿明亮，滋味鲜醇爽口，叶底嫩绿明亮。

图 2.26 崂山绿茶

（三）西南茶区名优绿茶

1. 蒙顶甘露

历史地位：中国最古老的名茶，被尊为"茶中故旧""名茶先驱"，为中国十大名茶、中国顶级名优绿茶、卷曲型绿茶的代表。

主要产地：地跨四川省名山、雅安两县的蒙山一带。

茶区特征：蒙山位于四川省邛崃山脉之中，东有峨眉山，南有大相岭，西靠夹金山，北临成都盆地，青衣江从山脚下绕过，终年烟雨蒙蒙，自然条件优越。

制作工序：采摘单芽或一芽一叶初展的鲜叶，经摊放→杀青→头揉→炒二青→二揉→炒三青→三揉→做形→初烘→匀小堆→复烘→匀堆等工序加工而成。

品质特征：外形美观，叶整芽全，紧卷多毫，嫩绿色润，内质香高而爽，味醇而甘，汤色黄中透绿，透明清亮，叶底匀整，嫩绿鲜亮。

图 2.27 蒙顶甘露

2. 竹叶青

历史地位： 现代峨眉竹叶青是 20 世纪 60 年代创制的名茶，其茶名是陈毅元帅所取。

主要产地： 四川省峨眉山。

茶区特征： 海拔 800 ～ 1200 米峨眉山山腰的万年寺、清音阁、白龙洞、黑水寺一带，群山环抱，终年云雾缭绕，翠竹茂密，十分适宜茶树生长。

制作工序： 清明前采摘一芽一叶或一芽二叶初展的鲜叶，经摊放→杀青→头炒→摊凉→二炒→摊凉→三炒→摊凉→整形→干燥等工序加工而成。

品质特征： 形状扁平直滑、翠绿显毫形似竹叶，香气浓郁，汤色清澈，滋味醇厚，叶底嫩匀。

图 2.28 竹叶青

3. 都匀毛尖

历史地位： 中国十大名茶之一，1956 年由毛泽东亲笔命名。

主要产地： 贵州省都匀市。

茶区特征：主要产地在团山、哨脚、大槽一带，这里山谷起伏，海拔千米，峡谷溪流，林木苍郁，云雾笼罩，四季宜人。土层深厚，土壤疏松湿润，土质是酸性或微酸性，内含大量的铁质和磷酸盐。

制作工序：清明前后采摘一芽一叶初展的鲜叶，经摊放→杀青→揉捻→解块→理条→初烘→摊凉→复烘等工序加工而成。

品质特征：具有"三绿透黄色"的特色，即干茶色泽绿中带黄，汤色绿中透黄，叶底绿中显黄。

图 2.29 都匀毛尖

（四）华南茶区名优绿茶

1. 西山茶

历史地位：全国名茶之一，主要产品有"棋盘石"牌西山茶、西山白毛尖等。

主要产地：广西壮族自治区桂平市西山寺一带。

茶区特征：最高山岩海拔 700 米左右，山中古树参天，绿林浓荫，云雾悠悠，浔江水色澄碧似锦。气候温和、雨量充沛，乳泉昌莹，冬不涸，夏不溢，是茶树生长的理想环境。

制作工序：采摘标准为一芽一叶或一芽二叶初展，经摊青→杀青→揉捻→初炒→烘焙→复炒等工序加工而成。

品质特征：茶色暗绿而身带光泽，索条匀称，苗锋显露，纤细匀整，呈龙卷状，黛绿银尖，茸毫盖锋梢，幽香持久；汤色淡绿而清澈明亮，叶底嫩绿明亮；滋味醇和，回甘鲜爽，经饮耐泡，饮后齿颊留香。

图 2.30 西山茶

2. 白沙绿茶

历史地位：白沙绿茶系海南省国营白沙农场茶厂生产的海南省名牌产品，为最具有海南地方特色的特产，是国营白沙农场的支柱产业之一。

主要产地：海南省五指山区白沙黎族自治县境内的国营白沙农场。

茶区特征：产茶区四面群山环绕，溪流纵横，雨量充沛，气温温和，属高山云雾区，年均阴雾日 215 天，月均气温 16.4℃ ~26.9℃，年均降雨量 1725 毫米。产区内有 70 万年前方圆十公里的陨石冲击坑，其中冲击角砾岩岩石的矿物质相当丰富，表层腐殖层深厚，表土层厚达 40 厘米至 60 厘米左右，排水和透气性良好，生物活性较强，营养丰富。

制作工序：多以一芽二叶初展的芯叶为原料，经杀青→揉捻→干燥等工序加工而成。

品质特征：外形条索紧结、匀整、无梗杂、色泽绿润有光，香气清高持久，汤色黄绿明亮，叶底细嫩匀净，滋味浓醇鲜爽，饮后回甘留芳，连续冲泡品茗时具有"一开味淡二开吐，三开四开味正浓，五开六开味渐减"的耐冲泡性。

图 2.31 白沙绿茶

第三篇
绿茶之类——暗香美韵竞争辉

绿茶为不发酵茶，其干茶色泽和冲泡后的茶汤、叶底以绿色为主调，故名。在各大茶类中，绿茶类的名品最多，不但香高味长，品质优异，且外观造型千姿百态，展现出了不同的风姿与韵味。

一、绿茶基本分类方法

茶叶分类标准众多，大体上可分为基本茶类和再加工茶类两大部分，绿茶属于基本茶类，也可再细分为基本绿茶和再加工绿茶。基本绿茶按照加工工艺又可分为毛茶和精制茶，而再加工绿茶则是指以绿茶为茶坯进行深加工的茶叶制品，如花茶、紧压绿茶、萃取绿茶、袋泡绿茶、果味绿茶、绿茶饮料、绿茶食品以及提取绿茶中的有效物质制成的药品制剂等。

表 3.1 绿茶的不同分类方法

按产地分类	分为浙江绿茶、安徽绿茶、四川绿茶、江苏绿茶、江西绿茶等
按季节分类	分为春茶、夏茶和秋茶，其中春茶品质最好，秋茶次之，夏茶一般不采摘。春茶按照节气不同又有明前茶、雨前茶之分
按级别分类	分为特级、一级、二级、三级、四级、五级等，有的特级绿茶还会细分为特一、特二、特三等级别
按外形分类	分为针形茶（安化松针等）、扁形茶（如龙井茶、千岛玉叶等）、曲螺形茶（如碧螺春、蒙顶甘露等）、片形茶（如六安瓜片等）、兰花形茶（如太平猴魁等）、单芽形茶（如雪水云绿等）、直条形茶（如南京雨花茶、信阳毛尖等）、曲条形茶（如径山茶等）、珠形茶（如平水珠茶等）等
按历史分类	分为历史名茶（如顾渚紫笋等）和现代名茶（如南京雨花茶等）
按加工方式分类	分为机制绿茶和手工炒制绿茶，高档名优绿茶大多是全手工制作，也有些高档茶采用机械或半机械半手工制作
按品质特征分类	分为名优绿茶和大宗绿茶
按杀青和干燥方式分类	分为蒸青绿茶、炒青绿茶、烘青绿茶、晒青绿茶四大类

在众多分类方法中，最常见的是以制作绿茶时杀青和干燥方式的不同作为依据。

（一）蒸青绿茶

蒸青绿茶是指采用蒸汽杀青工艺制得的成品绿茶，是中国古代汉族劳动人民最早发明的一种茶类，比其他加工工艺的历史更悠久。《茶经·三之造》中记载其制法为："晴，采之。蒸之，捣之，拍之，焙之，穿之，封之，茶之干矣。"即将采来的茶鲜叶，经蒸青或轻煮"捞青"软化后揉捻、干燥、碾压、造形而成。

图 3.1 蒸青绿茶

蒸青绿茶的新工艺保留了较多的叶绿素、蛋白质、氨基酸、芳香物质等，造就了"三绿一爽"的品质特征，即色泽翠绿，汤色嫩绿，叶底青绿；茶汤滋味鲜爽甘醇，带有海藻味的绿豆香或板栗香。但香气较闷带青气，涩味也比较重，目前的市场份额远不及锅炒杀青绿茶，恩施玉露、仙人掌茶等是仅存不多的蒸青绿茶品种。近几年来，浙江、江西等地也有多条蒸青绿茶生产线，产品少量在内地销售，大部分则出口销往日本。

（二）炒青绿茶

如今，炒青绿茶是我国产量最多的绿茶类型，具有显著的锅炒高香，西湖龙井、碧螺春、蒙顶甘露、信阳毛尖等均是炒青绿茶的代表。

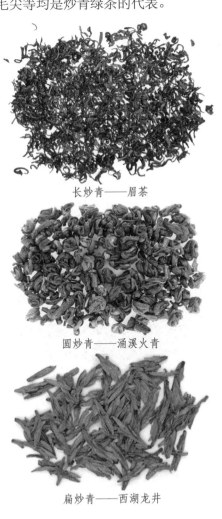

长炒青——眉茶

圆炒青——涌溪火青

扁炒青——西湖龙井

图 3.2 炒青绿茶

炒青绿茶因采用炒干的干燥方式而得名，按外形可分为长炒青、圆炒青和扁炒青三类。长炒青形似眉毛，又称为眉茶，品质特点是条索紧结，色泽绿润，香高持久，滋味浓郁，汤色叶底黄亮；圆炒青外形如颗粒，又称为珠茶，具有外形圆紧如珠、香高味浓、耐泡等品质特点；扁炒青又称为扁形茶，成品扁平光滑、香鲜味醇。

（三）烘青绿茶

烘青绿茶就是在初制绿茶的干燥过程中，用炭火或烘干机烘干的绿茶。特点是外形完整稍弯曲、锋苗显露、干色墨绿、香清味醇、汤色叶底黄绿明亮。

图 3.3 烘青绿茶

烘青绿茶产区分布较广，以安徽、浙江、福建三省产量较多，其他产茶省也有少量生产，产量仅次于眉茶。大部分烘青绿茶均被用作窨制花茶的茶坯，销路很广，如中国的东北、华北、西北和四川成都地区等，深受国内茶人的喜爱。

（四）晒青绿茶

晒青绿茶就是直接用日光晒干的绿茶，古人采集野生茶树芽叶晒干后收藏，大概可算是晒青茶工艺的萌芽，距今已有三千多年，是最古老的干燥方式。20 世纪 50 年代，晒青绿茶产区遍布云南、贵州、四川、广东、广西、湖南、湖北、陕西、河南等省，产品有滇青（即滇晒青，以下同）、黔青、川青、粤青、桂青、湘青、陕青、豫青等，其中以云南大叶种为原料加工而成的滇青品质最好。晒青毛茶除少量供内销和出口外，主要作为沱茶、紧茶、饼茶、方茶、康砖、茯砖等紧压茶的原料。

图 3.4 晒青绿茶

二、适制绿茶茶树品种

目前，人们对于茶树品种的认知往往存在一定的误区，很多人甚至认为绿茶是由"绿茶树"的叶子制成的，红茶是由"红茶树"的叶子制成的等等，这种想法是完全错误的。实际上六大茶类是根据加工方法不同进行区分的，并不是根据茶树品种进行区分的。茶树的品种有好几百种，同一种鲜叶，不经发酵便能制成绿茶，全发酵便能制成红茶……即每一种茶树的鲜叶都可以用于加工绿茶、红茶、乌龙茶等茶类，具体加工成哪一种茶要根据特定品种的茶类适制性进行选择。

不同的茶树品种具有不同的品质特性，这些特性决定了它适合制作哪一类茶叶，这便是所谓的茶类适制性，可以通过芽叶的物理特性观察和化学特性测定进行间接评估。一般叶片小、叶张厚、叶质柔软、细嫩、色泽显绿、茸毛多的品种适制显毫类的绿茶，如毛峰、毛尖、银芽等，易塑造出外形"白毫满披、银装素裹"的品质特色；芽叶纤细、叶色黄绿或浅绿、茸毛较少的品种，适制少毫型的龙井类扁形绿茶，易塑造出外形扁平光滑、挺秀尖削、色泽绿翠的品质特色。

部分适制绿茶的茶树品种如下表：

表3.2 部分适制绿茶的茶树品质特性

茶树品种	学名	来源	基本特征	地理分布
浙农139	*Camellia Sinensis cv. Zhenong 139*	浙江农业大学茶学系（现浙江大学农业与生物技术学院茶学系）选育	小乔木型，中叶类，早芽种	浙江、江西、重庆等省市有少量引种，适宜种植于浙江茶区
浙农117	*Camellia Sinensis cv. Zhenong 117*	浙江农业大学茶学系（现浙江大学农业与生物技术学院茶学系）选育	小乔木型，中叶类，早芽种	浙江、重庆等省市有引种，适宜种植于浙江茶区
龙井43	*Camellia Sinensis cv. Longjing 43*	中国农业科学院茶叶研究所选育	灌木型，中叶类，特早芽种	适宜在长江中下游茶区种植
福云6号	*Camellia Sinensis cv. Fuyun 6*	福建省农业科学院茶叶研究所选育	小乔木型，大叶类，特早芽种	在闽、浙、桂、湘、川、黔、苏等省广泛推广栽培，适宜在江南茶区选择中低海拔园地种植

茶树品种	学名	来源	基本特征	地理分布
迎霜	*Camellia Sinensis cv. Yingshuang*	杭州市茶叶研究所选育	小乔木型，中叶类，早芽种	在浙、皖、苏、鄂、豫等省均有栽培，适宜在江南绿茶、红茶茶区种植
碧云	*Camellia Sinensis cv. Biyun*	中国农业科学院茶叶研究所选育	小乔木型，中叶类，中芽种	主要分布在浙江、安徽、江苏、江西、湖南、河南等省，适宜在江南绿茶茶区种植
黔湄502	*Camellia Sinensis cv. Qianmei 502*	贵州省湄潭茶叶科学研究所选育	小乔木型，大叶类，中芽种	主要分布在贵州南部、西南部以及遵义、铜仁、安顺、贵阳等地区。四川省的筠连、雅安和重庆市的璧山、永川以及广东、广西、湖南、福建等省区有引种，适宜在西南茶区种植
黔湄601	*Camellia Sinensis cv. Qianmei 601*	贵州省湄潭茶叶科学研究所选育	小乔木型，大叶类，中芽种	主要分布在贵州南部、西南部以及湄潭、遵义、贵定、普安、黎平、兴义、铜仁等地，重庆市的江津、荣昌、永川以及广东、广西、湖南、湖北等省区有引种，适宜在西南茶区种植
宁州2号	*Camellia Sinensis cv. Ningzhuo 2*	江西省九江市茶叶科学研究选育	灌木型，中叶类，中芽种	在江西各主要茶区推广，浙江、安徽、江苏、湖南等省有少量引种，适宜在江南茶区种植
上梅州	*Camellia Sinensis cv. Shangmeizhou*	原产江西省婺源县上梅州村	灌木型，大叶类，中芽种	目前已有12个省、市引种，适宜在江南绿茶茶区种植
乌牛早	*Camellia Sinensis cv. Wuniuozao*	原产浙江省永嘉县	灌木型，中叶类，特早芽种	适宜在浙江省尤其是扁形类名优茶产区作早生搭配品种推广
早逢春	*Camellia Sinensis cv. Zaofengchun*	福建省福鼎市茶业管理局选育	小乔木型，中叶类，特早芽种	主要分布在福建东部茶区，福建北部、浙江南部、浙江东部、安徽南部等有引种，近年来，浙江金华地区引进试种，开采期与乌牛早接近

续表

茶树品种	学名	来源	基本特征	地理分布
龙井长叶	*Camellia Sinensis cv. Longjingzhangye*	中国农业科学院茶叶研究所选育	灌木型，中叶类，早芽种	主要分布在浙江、江苏、安徽、山东等省，适宜在江南、江北茶区种植
信阳 10 号	*Camellia Sinensis cv. Xinyang* 10	河南省信阳茶叶试验站选育	灌木型，中叶类，中芽种	主要分布在河南信阳茶区，湖南、湖北等省有少量引种，适宜在江北和寒冷茶区种植

安徽 1 号

碧云

福鼎大白茶

寒绿

鸠坑

龙井 43

龙井长叶

水古茶

乌牛早

香菇寮白毫

迎霜

云尖

浙农 21

浙农 113

浙农 139

紫笋

图 3.5 部分适制绿茶的茶树品种

三、再加工类绿茶产品

绿茶作为我国产量最大的茶类，除了人们普遍接受的直接冲泡方式外，绿茶的再加工也是一直以来广受关注的领域，最早可追溯至唐宋时期，延续至今仍在不断进步与创新。再加工茶是指以绿茶、红茶、青茶、白茶、黄茶和黑茶的毛茶或精茶为原料，再加工而成的产品，这类产品的外形或内质与原产品有着较大的区别。常见的再加工类绿茶有以下几种：

（一）花茶

在绿茶的众多再加工工艺中，以花茶的工艺最为娴熟与出色。花茶又称熏花茶、香花茶、香片，是中国独特的茶叶品类。花茶由精制茶坯与具有香气的鲜花拌和，通过一定的加工方法，促使茶叶吸附鲜花的芬芳香气而成。绝大部分花茶都是用绿茶制作，根据其所用香花品种的不同，可分为茉莉花茶、玉兰花茶、桂花花茶、珠兰花茶等，其中以茉莉花茶产量最大。

茉莉花茶的主产地有福建福州、广西横县、江苏苏州等，其窨制过程主要是茉莉鲜花吐香和绿茶坯吸香的过程。成熟的茉莉花苞在酶、温度、水分、氧气等作用下，分解出芳香物质被绿茶坯吸附，进而发生复杂的化学变化，茶汤从绿逐渐变黄亮，滋味由淡涩转为浓醇，形成花茶特有的香、色、味。茉莉花茶的窨制传统工艺程序为：茶坯与鲜花拼和、堆窨、通花、收堆、起花、烘焙、冷却、转窨、提花、匀堆、装箱。

常见的茉莉花茶有茉莉银针、茉莉龙珠、茉莉女儿环等。

（二）紧压绿茶

将杀青、揉捻后未经干燥的绿茶放在不同造型的模具中压制成型、干燥，或者将已经干燥的绿茶经蒸软后再压制成型，如此制得的茶叶称为绿茶紧压茶。紧压茶生产历史悠久，大约于 11 世纪前后，四川的茶商已将绿毛茶蒸压成饼，运销西北等地。紧压茶具有防潮性能好、便于运输和贮藏的特点，在少数民族地区非常流行。若使用刻有图案的模具，还能生产出形状和表面形态各异的紧压茶，不仅能够饮用，还兼具观赏和装饰之用。

常见的紧压绿茶有云南的绿沱等。

图 3.6 云南绿沱

(三)萃取绿茶

以绿茶为原料,用热水萃取茶叶中的可溶物,过滤去茶渣,茶汁再经浓缩、干燥制成的固态或液态茶统称为萃取绿茶。萃取绿茶可以直接用冷水冲泡,或添加果汁等调饮,也可作为添加材料用于加工其他食品。

①速溶茶粉

速溶茶粉是通过高科技萃取手段提炼茶叶中的有效成分,并对萃取出

的组分进行科学拼配而成的再加工茶,具有无农残、无添加、完全溶于水、冷热皆宜等特性,不需高温冲泡即可食用,可以作为食品添加物、调味料和天然色素等。其中以绿茶粉最为常见。

图 3.7 速溶绿茶茶粉

②茶多酚系列产品

绿茶中富含的茶多酚具有降血脂、降血糖、防治心脑血管疾病、抗氧化、抗衰老、清除自由基、抗辐射、杀菌、消炎、调节免疫功能等功效,提取绿茶中的茶多酚制成食品、药品、保健品、化妆品等具有广阔的市场前景。

(四)袋泡绿茶

袋泡绿茶也称绿茶包,相较于其他形式的饮茶方式,具有便于携带、易于冲泡、省事省时的优势。与传统冲泡方式相比,袋泡茶中的茶叶经研磨后,有效成分的释放也更加快速、完全。

常见的袋泡茶茶袋材质有滤纸、无纺布、尼龙、玉米纤维等，形状有单室茶包、双室茶包、抽线茶包、三角立体茶包等。袋泡茶发展到今天，在材质、形状以及茶叶种类上都有许多改进和丰富之处，且不断培养出新的消费群体，领跑现代茶饮的"快时代"。

图 3.8 不同材质、不同形状的茶包

（五）绿茶饮料

绿茶饮料是指以绿茶的萃取液、茶粉、浓缩液等为主要原料加工而成的饮料，不但具备绿茶的独特风味，还含有天然茶多酚、咖啡碱等茶叶有效成分，是清凉解渴、营养保健的多功能饮料。罐装绿茶饮料工艺流程为：绿茶→浸提→过滤→调配→加热（90℃）→罐装→充氮→密封→杀菌→冷却→检验→成品。

除了上述再加工产品以外，绿茶已被广泛应用到各个领域，日常生活中我们经常会见到含有绿茶成分的食品、牙膏、化妆品等。

第四篇
绿茶之制——巧匠精艺出佳茗

任何一个优良的茶树品种，任何一种精细栽培技术生产出来的鲜叶，都需经过细致的加工过程才能成为优质的成品茶。绿茶的主要加工工艺有杀青、揉捻、干燥等步骤，其特点是通过杀青破坏酶促氧化作用，再经揉捻或其他方法做形，最后干燥制得成品茶。

一、绿茶加工原理

（一）绿茶色泽的形成

绿茶的品质特点突出在"三绿"，即干茶翠绿、汤色碧绿、叶底鲜绿，其显著的色泽有的是茶叶中内含物质所具备的，有的是在加工过程中转化而来的。茶叶鲜叶中的色素包括脂溶性色素（叶绿素类、叶黄素类、胡萝卜素类）和水溶性色素（花黄素、花青素类），这两类色素在加工过程中都会发生变化，其中变化较深刻、对绿茶色泽影响较大的是叶绿素的破坏和花黄素的自动氧化。

在高温杀青的过程中，脂溶性的叶绿素发生分解，形成有一定亲水性的叶绿醇和叶绿酸，揉捻后叶细胞组织破坏，附着在叶表的茶汁经冲泡能够部分溶解进入茶汤，这是绿茶茶汤呈绿色的原因之一。

花黄素类是多酚类化合物中自动氧化部分的主要物质，在初制热作用下极易氧化，其氧化产物是橙黄色或棕红色，会使茶汤汤色带黄，甚至泛红。因此在杀青过程中应使叶温快速升高，防止多酚类化合物氧化。此外，因高温湿热的影响，特别是经杀青、毛火、揉捻工序后，鲜叶内叶绿素显著减少，会使绿茶变为黄绿色。所以在加工过程中，应控制好湿热作用对叶绿素的破坏，以保持绿茶的翠绿色泽。

（二）绿茶香气的发展

绿茶特有的香气特征是叶中所含芳香物质的综合反映，这些香气成分有的是鲜叶中原有的，有的是在加工过程中形成的。鲜叶内的芳香物质有高沸点和低沸点芳香物质两种，前者具有良好香气，后者带有极强的青臭气。高温杀青过程中，低沸点的芳香物质（青叶醇、青叶醛等）大量散失，而具有良好香气的高沸点芳香物质（如苯甲醇、苯丙醇、芳樟醇）等显露出来，成为构成绿茶香气的主体物质。

同时，加工过程中，叶内化学成分发生一系列化学变化，生成一些使绿茶香气提高的芳香新物质，如成品绿茶中具紫罗兰香的紫罗酮、具茉莉茶香的茉莉酮等。

此外，茶叶炒制过程中，叶内的淀粉会水解成可溶性糖类，温度过高会进而发生反应产生焦糖香，一定程度上会掩盖其他香气，严重时还会产生焦煳异味，故干燥过程中要掌握好火候。

（三）绿茶滋味的转化

绿茶滋味是由叶内所含可溶性有效成分进入茶汤而产生的，主要是多酚类化合物、氨基酸、水溶性糖类、咖啡碱等物质的综合作用呈现。这些物质有各自的滋味特征，如多酚类化合物有苦涩味和收敛性，氨基酸有鲜爽感，糖类有甜醇滋味，咖啡碱微苦。这些物质相互结合、彼此协调，共同构成了绿茶的独特滋味。

多酚类化合物是茶叶中可溶性有效成分的主体，在加工过程的热作用下，有些苦涩味较重的脂型儿茶素会转化成简单儿茶素或没食子酸，一部分多酚类化合物也会与蛋白质结合成为不溶性物质，从而减少苦涩味。同时，加工过程中，部分蛋白质水解成游离氨基酸，氨基酸的鲜味与多酚类化合物的爽味相结合，构成绿茶鲜爽的滋味特征。

二、绿茶加工技术

绿茶为不发酵茶，不同绿茶加工方法各不相同，但基本工序均可简单概括为鲜叶采摘→杀青→揉捻→干燥。

（一）鲜叶采摘

鲜叶又称生叶、茶草、青叶等，是茶树顶端新梢的总称，包括芽、叶、梗。在茶叶加工过程中，鲜叶内的化学成分发生一系列物理化学变化，进而形成不同的品质特征。

采茶图①（袁高亮·摄）

采茶图②（袁高亮·摄）

图 4.1 茶园采茶

茶鲜叶的含水率一般在75%~80%左右，制成的干茶含水率一般在4%~6%左右，因此常见的情况是3~5斤鲜叶能制得1斤干茶。用于加工绿茶的鲜叶，叶色深绿或黄绿、芽叶色紫的不宜选用；叶型大小上以中小叶种为宜；化学组分上以叶绿素、蛋白质含量高的为好，多酚类化合物的含量不宜太高，尤其是花青素含量更应减少到最低限度。

绿茶要求采摘细嫩鲜叶，名优绿茶要求更高，一般为单芽、一芽一叶、一芽一二叶初展。采摘要匀净，不得混有茶梗、花蕾、茶果等杂物。采摘好的鲜叶应储放在阴凉、通风、洁净的地方，堆放不能过厚、不能挤压，以免引起鲜叶劣变，如红边、红茎等。

图 4.2 采摘下的茶树鲜叶

（二）杀青

杀青是绿茶加工过程中最关键的工序，主要目的是破坏酶的活性，制止多酚类物质的酶促氧化，同时散发青气发展茶香，改变鲜叶内含成分的部分性质，促进绿茶品质特征的形成。另外还能蒸发部分水分，增加叶质韧性，便于后续的揉捻造形。

绿茶杀青应做到"杀匀、杀透、不生不焦、无红梗红叶"，具体操作时应掌握"三原则"："高温杀青、先高后低""抛（抖）闷结合、多抛（抖）少闷""嫩叶老杀、老叶嫩杀"。

①高温杀青、先高后低。高温杀青使叶温迅速升高到80℃以上，有助于破坏酶活性、蒸发水分、发展香气。温度首先要比较高，一方面能够迅速彻底地破坏酶活性，保障杀青效果；另一方面为了把叶绿素充分释放出来，开水冲泡后大部分能够溶解在茶汤内，使茶汤碧绿，叶底嫩绿，不出现生叶；此外，高温还能够迅速蒸发水蒸气，去掉水闷味，同时带走青草气，形成良好的香气。随后温度应降下来，避免炒焦而产生焦气，也避免水分散失过快过多而导致揉捻时难以成条，成片多碎末多。

②抛闷结合，多抛少闷。"抛"的手法就是将叶子扬高，使叶子蒸发出来的水蒸气和青草气迅速散发。"多抛"有助于使清香透发，防止叶色黄变。而"闷"则是加盖不扬叶，利用闷炒形成的高温蒸汽的穿透力，使梗脉内部骤然升温，迅速使酶失活。短时间

图 4.3 2016 西湖龙井茶炒茶王大赛

闷杀能减轻苦涩味，时间长些就产生闷黄味和水闷味，因此要"少闷"。

抛闷如何结合，抛多少闷多少，要看具体鲜叶而定，一般嫩叶要多抛，老叶要多闷。

③嫩叶老杀、老叶嫩杀。"老杀"是指叶子失水多一些，"嫩杀"是指叶子失水适当少些。嫩叶中酶活性较强，需要老杀，否则酶活性不能得到彻底的破坏，易产生红梗红叶。此外，嫩叶中含水量高，如果嫩杀，揉捻时液汁易流失，使其柔软度和可塑性降低，加压叶易揉成糊状，芽叶易断碎。低级粗老叶含水量少，纤维素含量较高，叶质粗硬，嫩杀后杀青叶含水量不至于过少，可避免揉捻时难以成条、加压时容易断碎等问题。

滚筒杀青机   高温热风杀青机

图 4.4 绿茶杀青机械

（三）揉捻

揉捻的目的是利用机械力使杀青叶紧结条索，有利于后续的干燥整形，同时适当破坏叶片组织，使茶叶内含物质更容易泡出，对提高绿茶的滋味浓度有重要意义。根据叶子的老嫩程度，主要有热揉、冷揉、温揉三种情况：

①热揉。即杀青叶不经摊凉趁热揉捻，适用于较老的叶子。究其原因，一方面老叶纤维素含量高，水溶性果胶物质少，在热条件下，纤维素软化容易成条；另一方面老叶淀粉、糖含量多，趁热揉捻有利淀粉继续糊化，并同其他物质充分混合；此外，热揉的缺点是叶色易变黄，并有水闷气，但对老叶来说，香气本来就不高，因此影响不大；同时，老叶含叶绿素较多、色深绿，热揉失去一部分叶绿素，使叶底更明亮。

②冷揉。即杀青叶出锅后经过一段时间的摊凉，叶温下降到一定程度时再揉

捻，适用于高级嫩叶。原因是嫩叶纤维素含量低、水溶性果胶物质多，容易成条；同时加工嫩叶对品质要求较高，冷揉能保持良好的色泽和香气。

③温揉。即杀青叶出锅后稍经摊凉后揉捻，适用于中等嫩度的叶子。中等嫩度的叶子介于嫩叶和老叶之间，揉捻时既要考虑茶叶的条索，又要顾及香气和汤色，故采用"温揉"。

一般揉捻适度的标准为：细胞破损率45%~55%，茶汁粘附于叶面，手摸有湿润黏手的感觉。在外形方面应做到揉捻叶紧结、圆直、均匀完整，防止松条、扁条、弯曲、团块、碎片等。具体操作时，嫩叶、雨水叶应冷揉，老叶应热揉；同时老叶"长揉重压"，嫩叶"短揉轻压"。

图 4.5 绿茶手工揉捻

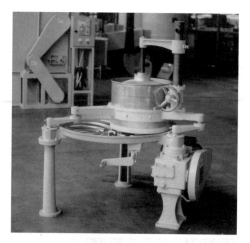

图 4.6 绿茶揉捻机械

此外，很多名优绿茶并不经过揉捻这一工序，如扁形的龙井茶只通过在锅中边炒边压扁进行造形；兰花形的太平猴魁通过在锅中轻抓轻拍进行造形。

（四）干燥

干燥是茶叶整形做形、固定茶叶品质、发展茶香的重要工序。绿茶干燥一般采用炒干、晒干、烘干三种方式，制成的绿茶分别称为炒青绿茶、晒青绿茶、烘青绿茶。其中，炒青绿茶的干燥分炒二青、炒三青和辉锅三次进行：

①炒二青。该步骤主要是蒸发水分和散失青草气以及补头青（杀青）的不足。二青叶是杀青后并进行揉捻过的叶子，水分含量高，茶汁粘附在叶表面，应采用高温、投叶量适当少、快滚、排气的技术措施，避免形成"锅巴"、产生烟焦气、叶子受闷。有的地方制茶采用烘二青，主要是为了克服炒二青易产生锅巴和烟焦气的缺点，采取的技术措施是高温、薄摊、短时。二青叶适度标准为：减重率 30%，含水量 35%~40%；手捏茶叶有弹性，手握不易松散；叶质软，黏性，叶色绿，无烟焦和水闷气。

②炒三青。该步骤的作用是进一步散发水分、整形。三青叶水分在 35%~40% 左右，水分含量仍然很高，要迅速蒸发水分，锅温采取"先低、中高、后低"的技术措施。三青叶适度标准为：含水量控制在 15%～20% 左右，条索基本收紧，部分发硬，茶条可折断，手捏不会断碎，有刺手感即可。

③辉锅。该步骤的作用主要是整形，促使茶条进一步紧结、光滑，并在整形过程中继续蒸发水分，增进茶香，形成炒青茶所特有的品质规格。辉锅叶含水量约 20% 左右，叶子用力过重易断碎，故应采用文火长炒、投叶适量、分段进行的技术措施。辉锅适度的标志：含水量 5%~6%，梗、叶皆脆，手捻叶子能成碎末，色泽绿润。辉干起锅的毛茶，要及时摊凉，然后装袋入库贮存，严防受潮或污染。

茶叶烘干机

双锅曲毫炒干机

图 4.7 茶叶干燥机械

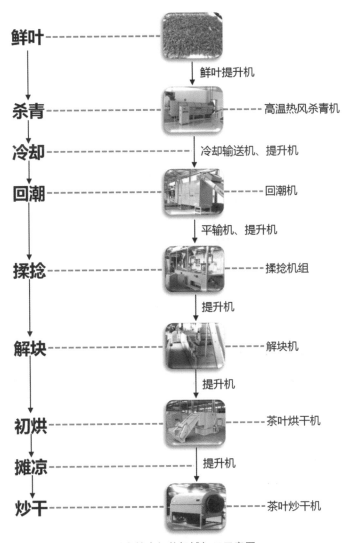

鲜叶 ─────────
　　│　　　　　　鲜叶提升机
杀青 ───────── 高温热风杀青机
　　│　　　　　　冷却输送机、提升机
冷却 ─────────
回潮 ───────── 回潮机
　　│　　　　　　平输机、提升机
揉捻 ───────── 揉捻机组
　　│　　　　　　提升机
解块 ───────── 解块机
　　│　　　　　　提升机
初烘 ───────── 茶叶烘干机
　　│　　　　　　提升机
摊凉 ─────────
炒干 ───────── 茶叶炒干机

图 4.8 炒青绿茶机械加工示意图

延伸阅读：西湖龙井手工炒制技艺

西湖风景美如画，龙井名茶似佳人，当年龙井承皇恩，御笔一挥天下闻。西湖龙井不仅承载着厚重的历史文明，更是倾注了世代茶人无尽的心血。有人说，西湖龙井是一种工艺品，是不能用机器制造来代替的，唯有手工炒制的龙井才能代表其价值与品质。传统的手工龙井炒制技术主要分为以下几步：

①采鲜叶。西湖龙井茶的采摘标准要求十分严格，鲜叶标准分四档：特级（一芽一叶初展）、一级（一芽一叶）、二级（一芽一叶至一芽二叶）、三级（一芽二叶至一芽三叶）。采摘时要求"三不采"（不采紫色芽叶、不采病虫芽叶、不采碎）、"四不带"（不带老叶、不带老梗、不带什物、不带夹蒂）。

②摊青叶。采摘下来的鲜叶付炒前，鲜叶必须经过摊放，一般需薄摊4～12小时，失重在17%～20%左右，叶子含水量达到约70%～72%。适当摊放，能够促使芽叶内成分发生有利的理化变化。

③青锅。西湖龙井茶的炒制技术十分独特，是根据特定的品种和

图 4.9 采鲜叶

图 4.10 摊青叶

原料而量身定做的，全程全凭手工在一口特制光滑的锅中操作，加工过程中"摊放、青锅、摊凉、辉锅、挺长头"环环相扣，其中青锅和辉锅是整个炒制作业的重点与关键。青锅的目的是保持鲜叶的绿色和做形，同时使原来70%的含水量下降到30%～35%。

④摊凉。青锅后需将杀青叶放于阴凉处进行薄摊回潮。西湖龙井茶炒制有一套独特的方法，归纳为"抓、抖、搭、搨①、捺、推、扣、甩、磨、压"十大手法。十大手法在炒制时根据实际情况交替使用、有机配合，做到动作到位，茶不离锅，手不离茶。

⑤辉锅。辉锅的作用在于进一步做好扁平条索，增进光洁度，进一步挥发香气，同时使含水量进一步下降到7%左右。

⑥分筛。用筛子把茶叶分筛，簸去黄片，筛去茶末，使成品大小均匀。

⑦挺长头。复辉又称"挺长头"，锅温一般保持在60度左右，一般采用抓、推、磨、压等手法结合，达到平整外形，透出润绿色、均匀干燥程度及色泽的目的。

⑧收灰。炒制好的西湖龙井茶极易受潮变质，必须及时用布袋或

图 4.11 青锅

图 4.12 摊凉

①搨，音"踏"，通"拓"。

图 4.13 辉锅

图 4.15 挺长头

图 4.14 分筛

图 4.16 收灰、上市

纸包包起，放入底层铺有块状石灰（未吸潮风化的石灰）的缸中加盖密封收藏。贮藏得法，约经半个月到一个月的时间，西湖龙井茶的香气更加清香馥郁，滋味更加鲜醇爽口。保持干燥的西湖龙井茶贮藏一年后仍能保持色绿、香高、味醇的品质。

⑨上市。手工炒制的西湖龙井茶，外形扁平光滑，芽叶饱满、重实，挺秀尖削呈碗钉形，色泽嫩绿光润。干嗅香气充足，香高扑鼻，冲泡后香气饱满、浓郁、持久。滋味鲜醇甘爽，味中带有浓郁的茶香，丰富感强且耐泡。

杯中茶看似简单，却是对炒茶师经验、体力的综合考验，要精通茶叶的炒制技术，短则三五年，长则一辈子，还要能吃苦，悟性高。目前，西湖龙井茶的全手工炒制技艺已被列入国家级非物质文化遗产，如果有机会去杭州的话，泛舟西湖，于湖光山色中品一杯手工炒制的西湖龙井，定会是一番难忘的体验。

三、日本蒸青绿茶（煎茶）加工

煎，即热蒸、揉炒之意，日本蒸青绿茶（煎茶）是经蒸青、叶打、粗揉、中揉、精揉和烘干等工序加工而成的独特茶类。其品质特点是成茶色泽鲜绿或深绿，条索紧直略扁，香清，味醇，具有日本人所喜好的海藻香型。

图 4.17 日本蒸青绿茶

①蒸青。使用网筒式蒸青机，以100℃高温无压蒸汽对连续进入转动网筒中的鲜叶进行杀青，持续约1分钟。然后立即进入装在蒸青机后面的蒸青叶冷却机进行冷却，冷却机的主要工作部件是一条往复重叠运行的不锈钢网带，用鼓风机对运行于网带上的蒸青叶吹冷风，达到冷却目的。

②叶打。经过冷却的蒸青叶便可进入叶打机进行叶打，即对蒸青叶进

行初步脱水和轻度搓揉。叶打机主要工作部件为上有网盖的"U"形金属炒叶腔，内壁镶有毛竹片，并在主轴上装有炒叶耙，蒸青叶从上部进入叶打机，配套热风炉不断送入热风，随着炒叶耙的回转，加工叶在不断翻动中逐渐失水并受到轻度搓揉。

③粗揉。粗揉的作用是在热风作用下继续去除水分，并进一步做形，为形成深绿油光、条索紧圆挺直的茶叶品质奠定基础。粗揉机的结构与叶打机相似，但做形功能已初步增强。粗揉后的加工叶，要求含水量下降到63%~69%，外形叶尖完整、深绿有光，具有一定的黏性。

④中揉。中揉的作用是在热风和机械力的作用下进一步去除水分，解散团块，同时持续揉炒整形并发展香气。一般情况下，中揉叶温为37%～40%，时间20~25分钟。中揉后的加工叶，要求含水量下降到32%~34%，嫩茎梗呈鲜绿色，叶色青黑有光泽，茶条紧结匀整，手握茶叶成团，松手即弹散。

⑤精揉和烘干。加工叶经过粗揉和中揉，已初步干燥成形，此时再进入精揉机进一步干燥整形。精揉机是一种煎茶成型的专用设备，在炉灶提供热量和炒叶机件综合机械力的作用下，使茶条进一步圆整伸直、略扁，色泽纯一,鲜绿或深绿带油光，无团块，

断碎少，有尖锋，含水率下降到13%左右。然后进入全自动烘干机足火干燥，当含水率降到7%以下，即完成蒸青绿茶加工。

图 4.18 日本蒸青绿茶生产线

第五篇
绿茶之赏——美水佳器展风姿

茶艺六要素包含人、茶、水、器、境、艺,唯有这六要素完美组合方能尽赏茶之神韵。在品赏绿茶时,应注重人之美、茶之美、水之美、器之美、境之美和艺之美的相得益彰,做到六美荟萃。

一、人之美——人为茶之魂

茶人是茶叶冲泡艺术的灵魂，是茶、水、器、境、艺几要素的联结者，除了要掌握相应的冲泡技艺外，还应注重仪容仪表、发型服饰、形态举止、礼仪礼节、文化积累等方面的综合修养。

（一）仪容仪表

表演茶艺时应注重自身的仪容仪表，保证面容整洁和口腔卫生，泡茶前应洗手，并保持指甲的干净、整齐。女茶艺师可以化淡妆，但切忌浓妆艳抹、擦有色指甲油或使用有香味的化妆品，整体上以给人清新、文雅、柔美的感觉为宜。

图 5.1 仪容仪表

（二）发型服饰

应根据茶艺表演内容选择合适的发型和服饰，基本应以中式风格为主，正式表演场合中不可佩戴手表和过多的装饰品。袖口不宜过宽，以免冲泡过程中会沾上茶水或碰到茶具。总体而言，冲泡绿茶时着装不宜太鲜艳，鞋子一般以黑色布鞋或黑色皮鞋为宜，鞋跟以平跟和粗低跟为宜，鞋面要保持干净。

图 5.2 发型服饰

（三）形态举止

对形态举止的要求体现在泡茶过程中的行走、站立、坐姿、手势等方面，要时刻保持端庄的姿态和恰当的言语交流。除此之外茶艺表演者的表情也会影响到品茶人的心理感受，因此在泡茶时应做到表情自然大方、眼神真挚诚恳、笑容亲切和善。

（四）礼仪礼节

茶艺过程中应通过一定的礼节来体现宾主之间的互敬互重，常见的礼节有鞠躬礼（一般用于茶艺表演者迎宾、送客或开始表演时）、伸掌礼（一般用于介绍茶具、茶叶、赏茶和请客人传递茶杯等，行礼时五指自然并拢，手心向上，左手或右手自然前伸，同时讲"请观赏""谢谢""请"等）、注目礼和点头礼（一般在向客人敬茶或奉上物品时联合应用）、叩手礼（一般主人给客人奉茶时，客人应以手指轻叩桌面以示感谢）等。此外，还有一些约定俗成的规矩，如斟茶时只能斟到七分满，谓之"从来茶倒七分满，留下三分是人情"；当茶杯排为一个圆圈时，斟茶应按逆时针方向，因为逆时针巡壶的姿势表示欢迎客人，而顺时针方向有逐客之意；类似的，放置茶壶时壶嘴不能正对着客人，正对着客人有请客人离开之意。

伸掌礼

点头礼

图 5.3 礼仪礼节（伸掌礼、点头礼、鞠躬礼）

（五）文艺修养

要想真正理解茶艺蕴含的深厚文化底蕴，离不开日常的学习与积累，除了需要一定的国学功底，还需具备相关的艺术修养。例如，茶席设计的主题往往会引用唐诗宋词诗名词牌，要解其中味须得腹有诗书；茶艺表演中常常要融合插花、焚香、书画、琴艺等元素，要掌握其要领须得通文达艺。

二、水之美——水为茶之母

很多茶友有可能都会有这样的体验，在茶叶店品尝到的茶口感甚佳，但买回家自己冲泡却茶不对味，心里不禁怀疑是不是遇到了无良商家将茶叶"偷梁换柱"。其实并不尽然，要泡出好茶，除了对茶叶的品质和泡茶者的技艺有要求外，泡茶之水同样有着至关重要的影响。如果水质欠佳，就不能充分展现茶叶的色、香、味，甚至会造成茶汤浑浊、滋味苦涩，严重影响品茶体验。

水与茶相辅相成，素有"水为茶之母"之说。"龙井茶，虎跑水"俗称杭州"双绝"，"扬子江中水，蒙顶山上茶"闻名遐迩。明代茶人张大复在《梅花草堂笔谈》中将茶与水分析得尤为透彻："茶性必发于水，八分之茶，遇十分之水，茶亦十分矣；

八分之水，试十分之茶，茶只八分耳"。可见，佳茗须得好水配，方能相得益彰。

关于绿茶冲泡用水，下面主要从水质、水温、茶水比三个方面进行阐述。

（一）宜茶之水

最早对泡茶之水提出标准的是宋徽宗赵佶，他在《大观茶论》中写道："水以清、轻、甘、洌为美。轻甘乃水之自然，独为难得。"后人在此基础上又增加了个"活"字，即"清、轻、甘、洌、活"五项指标俱全的水，才称得上宜茶之水：

①水质清。无色无味、清澈无杂质的水方能显出茶的本色。

②水体轻。所谓"轻"是指水的硬度低，其中溶解的矿物质少。硬水中含有较多的钙、镁离子和矿物质，不利于呈现茶汤的颜色和滋味，如果其中碱性较强或含有较多铁离子，还会导致茶汤发黑、滋味苦涩。因此泡茶用水应选择软水或暂时硬水。

③水味甘。甘味之水会在喉中留下甜爽的回味，用这样的水泡茶能够增益茶的美味。

④水温洌。洌即冷寒，自古便有"泉不难于清，而难于寒""洌则茶味独全"的说法，因为寒洌之水多出于地层深处的泉脉之中，所受污染少，泡出的茶汤滋味纯正。

⑤水源活。泡茶用水中细菌、真菌指标必须符合饮用水的卫生标准，流动的活水有自然净化作用，不易繁殖细菌，且活水中氧气和二氧化碳等气体含量较高，泡出的茶汤尤为鲜爽可口。家用饮水机内的桶装水就是典型的死水，反复加热烧开使得水中的溶解氧大大减少，而且放置时间过久容易造成二次污染。

在水的选择方面，陆羽在《茶经》中提出了自己的见解："其水，用山水上，江水中，井水下。其山水，拣乳泉石池漫流者上，其瀑涌湍漱勿食之。"对于生活在现代的我们来说，在冲泡绿茶时主要有以下几种水可供选择，相应的对比如下表所示：

表5.1 冲泡绿茶的水样选择

水样	水质特性	应用注意事项
山泉水	山泉水大多出自重峦叠嶂的山间，终日处于流动状态，有沙石起到自然过滤的作用，同时富含二氧化碳和各种对人体有益的微量元素，能使茶的色香味得到最大限度发挥	①山泉水不宜放置过久，最好趁新鲜时泡茶饮用 ②所选山泉水应出自无污染的山区，否则其中溶解的有害物质反倒会适得其反 ③不是所有的山泉水都是宜茶之水，如硫黄矿泉水就不能用来沏茶
雪水、雨水	古人称雪水和雨水为"天泉"，属于软水，以之泡茶备受推崇。唐代白居易、元代谢宗可、清代曹雪芹等都赞美过雪水沏茶之妙；雨水则要因时而异，秋雨因天气秋高气爽、空中灰尘少，是雨水中的上品。然而，现如今空气污染严重，雪水和雨水中往往含有大量的有毒有害物质，不仅不宜作养生之用，饮用还有致病的风险	除非出自完全未经污染、自然环境极佳之地，一般而言现在的雪水和雨水已不适宜用于冲泡茶叶
井水	井水是地下水，悬浮物含量少，透明度较高。然而易受周围环境影响，是否宜于泡茶不可一概而论。总体上，深层地下水有耐水层的保护，污染少，水质洁净；而浅层地下水易被地面污染，水质较差。所以深井水比浅井水好	选用前应考察周围的环境，注意附近地区是否曾发生过污染事件。一般而言，城市井水受污染多，多咸味，不宜泡茶；而农村井水受污染少，水质好，适宜饮用
地面水	指江水、河水和湖水，属地表水，含杂质较多，混浊度较高，会影响沏茶的效果。但在远离人烟，抑或是植被繁茂之地，污染物较少，此类地点的江、河、湖水仍不失为沏茶好水	①选用前同样要考虑污染问题 ②很多地表水经过净化处理后也能成为优质的宜茶之水
纯净水、蒸馏水	人工制造出的纯水，采用多层过滤和超滤、反渗透等技术，使之不含任何杂质，并使水的酸碱度达到中性。水质虽然纯正，但含氧量少，缺乏活性，泡出来的茶味道可能略失鲜活	纯净水和蒸馏水由于缺乏矿物质，不建议长期饮用
矿泉水	目前市面上的矿泉水种类较多，是否适合泡茶也不能一概而论。有些人工合成的矿物质水，即先经过净化后再加入矿物质的合成水，以之泡茶效果并不好	选择时应擦亮眼睛，关注矿泉水的成分和酸碱度，呈弱碱性的天然矿泉水才是泡茶的最佳选择
自来水	是日常生活中最易获得的一类水，但由于自来水中含氯，在水管中滞留较久的还含有较多的铁质，直接取用泡茶将破坏茶汤的颜色和滋味	采用净水器等处理过的自来水同样可成为较好的沏茶用水

（二）冲泡水温

控制水温是冲泡绿茶的关键，要根据所泡茶叶的具体情况和环境温度进行调整，做到"看茶泡茶""看时泡茶"。一般而言，粗老、紧实、整叶的茶所需水温要比细嫩、松散切碎的茶水温高。水温过高会使绿茶细嫩的芽叶被泡熟，无法展现优美的芽叶姿态，还会使茶汤泛黄、叶底变暗；水温过低则会使茶的渗透性降低，茶叶浮在汤面，有效成分难以析出，香气挥发不完全。冬季气温较低，水温下降快，冲泡时水温应稍高一些。总体而言，高级细嫩的名茶一般用80℃～85℃水温进行冲泡，大宗绿茶则用85℃～90℃的水温进行冲泡；冬季水温比夏季水温提高5℃左右。

图5.4 冲泡绿茶水温控制

（三）茶水比例

茶水比不同，茶汤香气的高低和滋味浓淡各异。据研究，茶水比为1∶7、1∶18、1∶35和1∶70时，水浸出物分别为干茶的23%、28%、31%和34%，说明在水温和冲泡时间一定的前提下，茶水比越小，水浸出物的绝对量就越大。

在冲泡绿茶时，茶水比过小，过多的水会稀释茶汤，使得茶味淡，香气薄；相反，茶水比过大，由于用水量少，茶汤浓度过高，滋味苦涩，同时也不能充分利用茶叶的有效成分。因此根据不同茶叶、不同泡法和不同的饮茶习惯，茶水比也要做相应的调整。

绿茶冲泡的大致茶水比应掌握在1∶50~1∶60为宜。具体来说，一般在玻璃杯或瓷杯中置入约3克茶叶，注沸水150~200毫升即可。若经常饮茶或喜爱饮较浓的茶，茶水比可大些；相反，初次饮茶或喜淡茶者，茶水比要小些。

三、器之美——器为茶之父

茶具，古时称茶器，泛指制茶、饮茶时使用的各种工具，现在专指与泡茶有关的器具。我国地域辽阔，民族众多，茶叶种类和饮茶习惯各具特色，所用器具更是琳琅满目，除具饮茶的实用价值外，更是中华民族艺术和文化的瑰宝。

（一）茶具选择

根据所用材料不同，茶具一般分为陶土茶具、瓷器茶具、玻璃茶具、金属茶具、竹木茶具、漆器茶具及其他材质茶具。其中，瓷器茶具和玻璃茶具是目前广为使用的绿茶冲泡器具。

1. 瓷器茶具

瓷器是从陶器发展演变而成的，具有胎质细密、经久耐用、便于清洗、外观华美等特点，因里外上釉所以不吸附茶汁，是很好的茶具材质。常见瓷器品种有青瓷茶具、白瓷茶具、黑瓷茶具和彩瓷茶具，根据器形的不同还可分为瓷壶和瓷质盖碗，这两种器型都可以用来冲泡绿茶，可以根据茶叶的特质来选茶具。

图 5.5 冲泡绿茶的瓷器茶具

2. 玻璃茶具

随着玻璃生产的工业化和规模化，玻璃在当今社会已广泛应用在日常生活、生产等众多领域。玻璃具备质地透明、传热快、散热快、对酸碱等化学品的耐腐蚀力强、外形可塑性大等特点，采用玻璃杯冲泡绿茶，色泽鲜艳的茶汤、细嫩柔软的茶叶、冲泡过程叶片的舒展和浮动等，均可一览无余，是赏评绿茶的绝佳选择。此外，玻璃器具不吸附茶的味道，容易清洗且物美价廉，深受广大消费者的喜爱。

图 5.6 冲泡绿茶的玻璃茶具

（二）主泡器具

主泡器具（主茶具）是指泡茶时使用的主要冲泡用具。包括泡茶壶、盖碗、玻璃杯、公道杯。

①茶壶

泡茶壶是泡茶的主要用具，由壶盖、壶身、壶底和圈足四部分组成。根据容量大小，有 200 ml、350 ml、400 ml、800 ml 等规格。一般情况下用来冲泡绿茶，两三人品茶用 200 ml 壶，四五人品茶用 400 ml 壶。

①茶壶
②盖碗
③玻璃杯
④公道杯
⑤品茗杯

图 5.7 冲泡绿茶的主泡器具

②盖碗

盖碗既可作泡茶器具，也可以作饮茶碗。盖碗由杯盖、茶碗、杯托三部分组成，又称"三才杯"。盖子代表天，杯托代表地，茶碗代表人，比喻茶为天涵之，地载之，人育之的灵物。

③玻璃杯

俗称"茶杯"，为品茶时盛放茶汤的器具。按形状可分为敞口杯、直口杯、翻口杯、双层杯、带把杯等，冲泡绿茶较常使用敞口杯，容量大小有 150 ml、200 ml 等。

④公道杯

公道杯又称公平杯、茶盅等，是分茶的器具。如果用茶壶直接分茶，第一个人和最后一个人的茶汤浓度肯定不一样，将茶汤注入公道杯能够均匀茶汤，使分给每一个人的茶汤浓度均匀一致。

⑤品茗杯

用于品茶及观赏茶汤的专用茶杯，杯体为圆筒状或直径有变化的流线形状，其大小、质地、造型等种类众多、品相各异，可根据整体搭配或个人喜好进行选用。

（三）辅助茶具

辅助茶具是指用于煮水、备茶、泡饮等环节中起辅助作用的茶具，经常用到的辅助茶具有煮水壶、茶道组、茶叶罐、茶荷、水盂、杯托、茶巾、奉茶盘、计时器等。

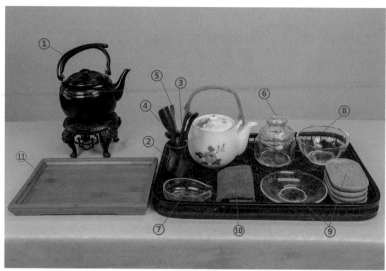

①煮水壶
②茶道组
③茶夹
④茶则
⑤茶匙
⑥茶叶罐
⑦茶荷
⑧水盂
⑨杯托
⑩茶巾
⑪奉茶盘

图 5.8 冲泡绿茶的辅助茶具

①煮水壶

出于安全、环保及便捷等考虑，目前使用的大多是电热煮水壶，也称随手泡，常见材质有金属、紫砂、陶瓷等。

②茶道组

茶道组又称箸匙筒，是用来盛放冲泡所需用具的容器，多为筒状，以竹质、木质为主。箸匙筒内包含的器具有茶夹、茶则、茶匙、茶针和茶漏。

③茶夹

烫洗杯具时用来夹住杯子，分茶时用来夹取品茗杯或闻香杯。用其既卫生又防止烫手。

④茶则

泡茶时用来量取干茶的工具，它可以很好地控制所取的茶量。一般由陶、瓷、竹、木、金属等制成。

⑤茶匙

泡茶时用来从茶叶罐中取干茶的工具，也可以用来拨茶用。

⑥茶叶罐

茶叶罐是用来储存茶叶的容器，常见材质有金属、紫砂、陶瓷、韧质纸、竹木等。茶叶易吸潮、吸异味，茶叶罐的选择直接影响茶叶的存放质量，要做到无杂味、密闭且不透光。

⑦茶荷

茶荷是泡茶时盛放干茶、鉴赏茶叶的茶具。茶荷的引口处多为半球形，便于投茶。投茶后可向人们展示干茶的形状、色泽，闻嗅茶香。茶荷材质有陶、瓷、锡、银、竹、木等，市面上最常见的是陶、瓷或竹质茶荷。冲泡绿茶宜选择细腻的白瓷荷叶造型，比较符合绿茶之雅趣。

⑧水盂

用来盛放茶渣、废水以及果皮等杂物的器具，多由陶、瓷、木等材料制成。大小不一，造型各异，有敞口形、收口形、平口形等。

⑨杯托

茶杯的垫底器具，多由竹木、玻璃、金属、陶瓷等制成，一般选择与茶杯相配的材质为宜。

⑩茶巾

茶巾也称茶布，可用于擦拭泡茶过程中滴落桌面或壶底的茶水，也可以用来承托壶底，以防壶热烫手。茶巾材质主要有棉、麻、丝等，其中棉织物吸水性好，容易清洗，是最实用的选择。

⑪奉茶盘

用于奉茶时放置茶杯，以木质、竹质居多，也有塑料制品。

⑫其他辅助茶具

其他辅助茶具有茶漏、滤器以及用于掌握冲泡时间的计时器、钟、表等。

四、境之美——境为茶之韵

（一）茶艺造境

茶艺特别强调造境，不同的环境布置会产生不同的意境和效果。一般而言，冲泡绿茶时应选择场地清幽、装饰简雅、茶具精致的茶室、书斋等，可辅以绿色植物作为搭配，也可选取竹林、松林、草地、溪流等自然元素为背景，营造"天人合一"的禅道气氛。

所谓"茶通六艺"，在品茶时以琴、棋、书、画、诗、曲和金石古玩等助茶极为适宜，其中尤重于音乐和字画。品饮绿茶时最宜选播三类音乐：其一是中国古典名曲，如《高山流水》《汉宫秋月》《凤求凰》等；其二是近代作曲家专门为品茶而谱写的音乐，如《闲情听茶》《香飘水云间》《清香满山月》等；其三是精心录制的大自然之声，如小溪流水、泉瀑松涛、雨打芭蕉、风吹竹林、百鸟啁啾等。

（二）茶席设计

作为境之美的综合体现，茶席设计融合了茶品选择、茶具组合、席面布置、配饰摆放、空间设计、茶点搭配等内容，既是茶事进行的空间，也是泡茶之人对茶事认识的体现，更是艺术与生活的完美融合。

席面布置时，桌布可选用布、绸、丝、缎、葛、竹草编织垫和布艺垫等，也可选用荷叶、沙石、落英等自然材料。具体的桌布、茶具和配饰选择应根据茶席的主题来确定，一般绿茶茶席应以颜色清新淡雅为宜，搭配玻璃或青瓷茶具。

素业茶院设计作品

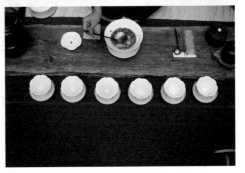

素业茶院设计作品

素业茶院设计作品

浙大茶学系设计作品

图 5.9 绿茶茶席设计作品欣赏

茶点的普遍选用原则是"甜配绿、酸配红、瓜子配乌龙",绿茶滋味淡雅轻灵,搭配口味香甜的茶点能带来美妙的味觉享受。此外,清淡的绿茶能生津止渴,促进葡萄糖的代谢,防止过多糖分留在体内,不必担心食茶点会口感生腻或增加体内脂肪。水果、干果、糖食、糕饼等都是不错的茶点选择。

图 5.10 适宜搭配绿茶的茶点

五、艺之美——艺为茶之灵

艺之美主要包括茶艺程序编排的内涵美和茶艺表演的动作美、神韵美、服装道具美等。绿茶茶艺的冲泡技艺是茶艺学习的基础,很多基本手法、规则和程序都在绿茶茶艺中有所体现,可谓是茶艺的基本功。

（一）绿茶玻璃杯冲泡技法

1. 备具

将透明玻璃杯、茶道组、茶荷、茶巾、水盂等放置于茶盘中。

图 5.11 备具

2. 备水

急火煮水至沸腾，冲入热水瓶中备用。泡茶前先用少许开水温壶（温热后的水壶贮水可避免水温下降过快，在室温较低时尤为重要），再倒入煮开的水备用。

图 5.12 备水

3. 布具

双手（女性在泡茶过程中强调用双手做动作，一则显得稳重，二则表示敬意；男士泡茶为显大方，可用单手）将器具一一布置好。

图 5.13 布具

4. 赏茶

请来宾欣赏茶荷中的干茶。

图 5.14 赏茶

5. 润杯

将开水依次注入玻璃杯中，约占茶杯容量的 1/3，缓缓旋转茶杯使杯壁充分接触开水，随后将开水倒入水盂，杯入杯托。用开水烫洗玻璃杯一方面可以消除茶杯上残留的消毒柜气味，另一方面干燥的玻璃杯经润洗后可防止水汽在杯壁凝雾，以保持玻璃杯的晶莹剔透，以便观赏。

图 5.15 润杯

6. 置茶

用茶匙轻柔地把茶叶投入玻璃杯中。

图 5.16 置茶

7. 浸润泡

以回转手法向玻璃杯中注入少量开水（水量以浸没茶样为度），促进可溶物质析出。浸润泡时间20~60秒，可视茶叶的紧结程度而定。

图 5.17 浸润泡

8. 摇香

左手托住茶杯杯底，右手轻握杯身基部，逆时针旋转茶杯。此时杯中茶叶吸水，开始散发香气，摇毕可依次将茶杯奉给来宾，品评茶之初香，随后再将茶杯依次收回。

图 5.18 摇香

9. 冲泡

冲水时手持水壶有节奏的三起三

落而水流不间断，称为"凤凰三点头"，以示对嘉宾的敬意。冲水量控制在杯子总容量的七分满，一则避免奉茶时如履薄冰的窘态，二则向来有"浅茶满酒"之说，表七分茶三分情之意。

图 5.19 冲泡

10. 奉茶

向宾客奉茶，行伸掌礼。

图 5.20 奉茶

11. 品饮

先观赏玻璃杯中的绿茶汤色，接着细细嗅闻茶汤的香气，随后小口细品绿茶的滋味。

图 5.21 品饮

12. 收具

按照先布之具后收的原则将茶具一一收置于茶盘中。

图 5.22 收具

(二) 绿茶盖碗冲泡技法

1. 备具

将盖碗、茶道组、茶荷、茶巾、水盂等放置于茶盘中。

图 5.23 备具

2. 备水

将开水壶中温壶的水倒入水盂，冲入刚煮沸的开水。

图 5.24 备水

3. 布具

依次将器具布置好。

图 5.25 布具

4. 赏茶

请来宾欣赏茶荷中的干茶。

图 5.26 赏茶

5. 润具

将开水注入盖碗内，旋转一圈后倒入水盂。

图 5.27 润具

6．置茶

用茶匙轻柔地把茶叶投入盖碗中。

图 5.28 置茶

7．浸润泡

以回转手法向盖碗中注入少量开水，水量以浸没茶样为度。

图 5.29 浸润泡

8．摇香

左手托住盖碗碗底，右手轻握盖碗基部，逆时针旋转盖碗。

图 5.30 摇香

9．冲泡

用"凤凰三点头"的手法向盖碗内注水至碗沿下方，左手持盖并盖于碗上。

图 5.31 冲泡

10．奉茶

向宾客奉茶，行伸掌礼。

图 5.32 奉茶

11．品饮

将盖碗连托端起，提起碗盖置于鼻前，轻嗅盖上留存的茶香；然后撇去茶汤表面浮叶，同时观赏汤色；最后细品绿茶的口感。

图 5.33 品饮

12．收具

按照先布之具后收的原则将茶具一一收置于茶盘中。

图 5.34 收具

（三）绿茶瓷壶冲泡技法

1．备具

将瓷壶、熟盂、品茗杯、随手泡、茶道组、茶荷、茶巾、水盂等放置于茶盘中。

图 5.35 备具

2．备水

将开水壶中温壶的水倒入水盂，冲入刚煮沸的开水。

图 5.36 备水

3．布具

依次将器具布置好。

图 5.37 布具

4．赏茶

请来宾欣赏茶荷中的干茶。

图 5.38 赏茶

5．润具

先将开水冲入熟盂中，回转一圈后将水注入茶壶，盖上壶盖。旋转茶壶使周身受热均匀，随后将水注入水盂。

图 5.39 润具

6．晾水

将开水冲入熟盂中，使水降温。

图 5.40 晾水

7．置茶

用茶匙轻柔地把茶叶投入白瓷瓷壶中。

图 5.41 置茶

8．浸润泡

以回转手法向瓷壶中注入少量热水，水量以浸没茶样为度。

图 5.42 浸润泡

9．摇香

左手托住壶底，右手握住壶把，逆时针旋转一圈。

图 5.43 摇香

10．冲泡

用回转手法将熟盂内的水注入壶中，随后盖上壶盖。

图 5.44 冲泡

11．温杯

在冲泡等待间隙，向茶杯中注入半杯左右的热水进行温杯，转动品茗杯使其均匀受热，随后将水倒入水盂。

图 5.45 温杯

12．试茶

先将壶中的茶汤倒出一杯，判断其冲泡程度，认为程度适宜后将茶汤倒回壶中，准备出汤。

图 5.46 试茶

13. 分茶

将壶中茶汤注入品茗杯中。

图 5.47 分茶

14. 奉茶

向宾客奉茶,行伸掌礼。

图 5.48 奉茶

15. 品饮

观其色、嗅其香、品其味。

图 5.49 品饮

16. 收具

按照先布之具后收的原则将茶具一一收置于茶盘中。

图 5.50 收具

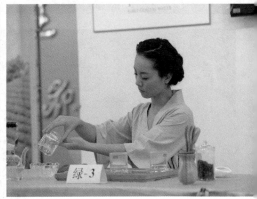

图 5.51 第二届全国大学生茶艺技能大赛中的绿茶指定茶艺竞技

图 5.52 第二届全国大学生茶艺技能大赛中的创新茶艺竞技

第六篇
绿茶之鉴——慧眼识真辨茗茶

  绿茶的感官审评，是通过特定的审评方法，对绿茶的各项因子进行评定，以分出绿茶品级的高低优劣，对绿茶的加工具有指导意义，对消费者选购和贮藏茶叶也有突出的参考价值。

一、绿茶审评操作

（一）审评器具

绿茶审评是一项科学、严谨的工作，最好在专业的审评室内进行，使用的审评器具也应符合专业的规格和要求。一般专业审评室应配备的审评用具如下：

表 6.1　茶叶审评用具

审评用具	用途	规格	图片
干评台	用于评定茶叶外形，一般设置于靠窗位置，上置样茶罐和样茶盘	台面为黑色 高 900mm，宽 600 ～ 700mm，长度视审评室大小及日常工作量而定	 图 6.1 干评台
湿评台	用于开汤审评茶叶内质，置于干评台后，间距 1.0 ～ 1.2m，前后平行	一般为白色 高 800 mm，宽 450 ～ 600mm，长度视审评室大小及日常工作量而定	 图 6.2 湿评台
审评盘	用于放置待审评的茶叶	一般为木质，白色 有正方形、长方形两种规格，正方形：230×230×30mm；长方形：250×160×30mm	 图 6.3 审评盘
审评杯	用来泡茶和审评茶叶香气	瓷质纯白，厚薄、大小、颜色、深浅力求均匀一致 国际标准审评杯高 65mm，内径 62mm，外径 66mm，杯柄有锯齿型缺口，杯盖内径为 61mm，外径 72mm，盖上有一小孔，容量为 150ml	 图 6.4 审评杯

审评用具	用途	规格	图片
审评碗	用来盛放茶汤、审评汤色	特制的广口白色瓷碗 国际标准审评碗外径 95mm，内径 86mm，高 52mm，毛茶用的审评碗容量为 250ml，精茶为 150ml。	 图 6.5 审评碗
汤杯和汤匙	用于取茶汤、审评滋味，使用前需开水温烫	汤杯为白瓷小碗，汤匙为白瓷匙	 图 6.6 汤杯、汤匙
叶底盘	用于审评叶底	精茶采用黑色小木盘，规格为 100mm×100mm×20mm；毛茶和名茶采用白色搪瓷漂盘	 图 6.7 叶底盘
样茶秤或小天平	用于称取茶叶	需精确到 0.1 克	图 6.8 天平 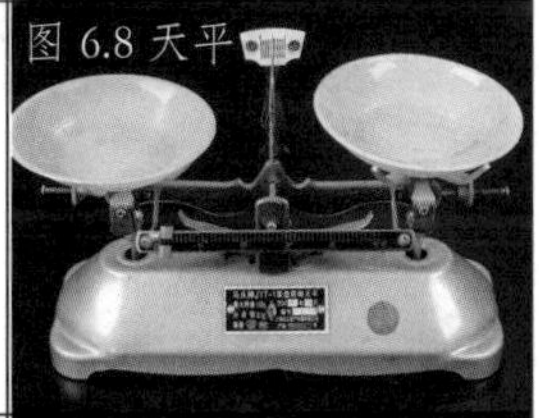
计时器	用于审评计时	常用定时器、定时钟等，也可用手机、钟表等代替	 图 6.9 计时器
烧水壶	用于烧制开水	普遍使用电热壶，也可用一般烧水壶配置电炉或液化气燃具	 图 6.10 烧水壶

如果想自己在家按照茶叶审评方法进行实用性茶叶审评，除专用规格的审评

杯和样茶秤必不可少之外，其他可用家常器具代替。

图 6.11 茶叶审评室

（二）审评操作

绿茶感官审评项目包括干评和湿评，干看外形（形状、色泽、整碎、净度），湿评内质（汤色、滋味、香气、叶底）。先进行干茶审评，之后开汤按3克茶、150毫升沸水冲泡5分钟的方式进行操作，茶与水的比例为1:50。开汤审评通常是先快看汤色，后闻香气，再尝滋味，最后评叶底。

绿茶审评的操作流程如下：把盘→看外形→取样→称样→冲泡→沥茶汤→观汤色→闻香气→尝滋味→评叶底。

①把盘。双手握住样茶盘，稍稍倾斜，通过回转运动，把上、中、下段茶分开，有利于外形的审评。

图 6.12 把盘

②看外形。主要从嫩度、形状、色泽、整碎、净度等几个方面去辨别。

图 6.13 干茶外形

③取样。用拇指、食指和中指从审评盘中抓取样茶。

图 6.14 取样

④称样。用样茶秤称取3克茶叶。

图 6.15 称样

⑤置茶。将准确称取的茶样放入已准备好的审评杯中。

图 6.16 置茶

⑥冲泡。冲入沸水至杯沿缺口处，加盖并开始计时4分钟（大宗绿茶冲泡时间为5分钟）。

图 6.17 冲泡

⑦沥茶汤。计时结束后，将审评杯杯沿缺口向下，平放在审评碗口上，沥尽审评杯中的所有茶汤。

图 6.18 沥茶汤

⑧观汤色。主要看茶汤的色泽种类、深浅、明亮度和清浊度并用术语进行描述。

图 6.19 观汤色

⑨闻香气。将已沥出茶汤的审评杯移至鼻前，半启杯盖，深吸气1～2次，每次2～3秒，嗅香气纯度、高度、持久度等。

图 6.20 闻香气

⑩尝滋味。当茶汤温度降至50℃左右,将大半匙(5～8ml)茶汤放入口中,让茶汤在舌中跳动,使舌面充分接触茶汤,尝其浓淡、强弱、纯异等。

⑪评叶底。将叶底倒于叶底盘上,评其嫩度、色泽、整碎、大小、净度等,可用目视、手指按压、牙齿咀嚼等方式。

图6.21 尝滋味

图6.22 评叶底

（三）审评因子

表6.2 绿茶审评项目与因子分析

审评项目	审评因子	考量因素
看外形	嫩度	一般芽比例高的绿茶嫩度较好
	形状	有长条形，圆、扁、针形等等
	色泽	主要从颜色的种类、均匀和光泽度去判断，好茶均要求色泽一致，光泽明亮，油润鲜活
	整碎	整碎就是茶叶的外形和断碎程度，以匀整为好，断碎为次
	净度	主要看茶叶中是否混有茶片、茶梗、茶末、茶籽和制作过程中混入的竹屑、木片、石灰、泥沙等夹杂物的多少
观汤色	色度	观察色度类型及深浅，主要从正常色、劣变色和陈变色三方面去看
	亮度	指茶汤的明暗程度，一般亮度好的品质佳。绿茶看碗底，反光强即为明亮
	清浊度	以清澈透明、无沉淀物为佳。注意应将绿茶的茸毛与其他引起浑浊的物质分开

审评项目	审评因子	考量因素
闻香气	香型	有清香、甜香、嫩香、板栗香、炒米香等
	纯异	常见的异味有烟焦味、霉陈味、水闷味、青草气等
	高低	可从"浓、鲜、清、纯、平、粗"六个字进行区分
	长短	即香气的持久性，以高而长为佳，高而短次之，低而粗又次之
尝滋味	纯异	审评滋味时应先辨其纯异，纯正的滋味才能区分其浓淡、强弱、厚薄。不纯的滋味主要指滋味不正或变质有异味
	浓淡	浓指浸出的内含物丰富，茶汤中可溶性成分多；淡则指内含物浸出少，淡薄缺味
	强弱	描述茶汤的刺激性，强指刺激性强或富有收敛性，吐出茶汤后短时间内味感增强，弱则相反
	醇和	醇表示茶味尚浓，但刺激性欠强，和表示茶味平淡
	爽涩	用于描述滋味的鲜爽度
评叶底	嫩度	通过色泽、软硬、芽的多少及叶脉情况进行判断
	匀度	主要从厚薄、老嫩、大小、整碎、色泽是否一致来判断
	色泽	主要看色度和亮度，其含义与干茶色泽相同

（四）审评术语

茶叶审评术语是指在茶叶品质审评中描述某项审评因子的优缺点或特点所用的专业性词汇。绿茶因花色、规格繁多，相应的评茶术语也是多种多样，我们一般从外形、汤色、香气、滋味、叶底五个方面对其进行描述。值得注意的是，部分审评术语能用于多个审评因子的描述，且部分审评术语可以组合使用，描述过程中还可在主体词前加上"较、稍、欠、尚、带、有、显"等词以说明差异程度，这些都扩大了评茶术语的应用范围。

1. 外形评语

表 6.3 绿茶常用外形评语

评语	描述	适用范围
嫩匀	细嫩，形态大小一致	多用于高档绿茶，也用于叶底

评语	描述	适用范围
细嫩	芽叶细小，显毫柔嫩	多用于春茶期的小叶种高档茶，也用于叶底
细紧	条索细，紧结完整。	多用于高档条形绿茶
细长	紧细苗长	多用于高档条形绿茶
紧结	茶叶卷紧结实，其嫩度稍低于细紧	多用于高、中档条形茶
扁平光滑	茶叶外形扁直平伏，光洁光滑	多用于优质龙井
扁片	粗老的扁形片茶	多用于扁茶
糙米色	嫩绿微黄	多用于描述早春狮峰特级西湖龙井的外形
卷曲	茶条呈螺旋状弯曲卷紧	多用于卷曲形绿茶
嫩绿	浅绿新鲜，似初生柳叶般富有生机	也用于汤色、叶底
枯黄	色黄无光泽	多用于粗老绿茶
枯灰	色泽灰，无光泽	多用于粗老茶
肥嫩	芽叶肥、锋苗显露，叶肉丰满不粗老	多用于高档绿茶，也用于叶底
肥壮	芽叶肥大，叶肉厚实，形态丰满	多用于大叶种制成的条形茶，也用于叶底
银灰	茶叶呈浅灰白色，略带光泽	多用于外形完整的多茸毫、毫中隐绿的高档烘青型或半烘半炒型名优绿茶
墨绿	色泽呈深绿色，有光泽	多用于春茶的中档绿茶
绿润	色绿鲜活，富有光泽	多用于上档绿茶
短碎	茶条碎断，无锋苗	多因条形茶揉捻或轧切过重引起
粗老	茶叶叶质硬，叶脉隆起，已失去萌发时的嫩度	多用于各类粗老茶，也用于叶底
匀净	大小一致，不含茶梗及夹杂物	多用于采、制良好的茶叶，也用于叶底
花杂	色泽杂乱，净度较差	也用于叶底

2. 汤色评语

表6.4 绿茶常用汤色评语

评语	描述	适用范围 / 通用性 / 形成原因
明亮	茶汤清澈透明	也用于叶底
清澈	洁净透明	多用于高档烘青茶
黄亮	颜色黄而明亮	多用于高、中档绿茶，也用于叶底
嫩绿	浅绿微黄透明	名优绿茶以嫩绿为好，黄绿次之，黄暗为下
黄绿	色泽绿中带黄，有新鲜感，绿多黄少	多用于中、高档绿茶，也用于叶底
绿黄	绿中多黄	也用于叶底
黄暗	汤色黄显暗	多用于下档绿茶，也用于叶底
嫩黄	浅黄色	多用于干燥工序火温较高或不太新鲜的高档绿茶，也用于叶底
泛红	发红而缺乏光泽	多用于杀青温度过低或鲜叶堆积过久、茶多酚产生酶促氧化的绿茶，也用于叶底
浑浊	茶汤中有较多悬浮物，透明度差	多见于揉捻过度或酸、馊等不洁净的劣质茶

3. 香气评语

表6.5 绿茶常用香气评语

评语	描述	适用范围
嫩香	柔和、新鲜、优雅的毫茶香	多用于原料幼嫩、采摘精制的高档绿茶
清香	多毫的烘青型嫩茶特有的香气	多用于高档绿茶
板栗香	又称嫩栗香，似板栗的甜香	多用于火工恰到好处的高档绿茶及个别品种茶
高锐	香气高锐而浓郁	多用于高档茶
高长	香高持久	多用于高档茶
清高	清纯而悦鼻	多用于杀青后快速干燥的高档烘青和半烘半炒型绿茶
海藻香	具有海藻、苔菜类的味道	多用于日本产的高档蒸青绿茶，也用于滋味
浓郁	香气高锐，浓烈持久	多用于高档茶
香高	茶香浓郁	多用于高档茶
钝熟	香气、滋味熟闷，缺乏爽口感	多用于茶叶嫩度较好，但已失风受潮或存放时间过长、制茶技术不当的绿茶，也用于滋味

评语	描述	适用范围
高火香	似炒黄豆的香气	多用于干燥过程中温度偏高制成的茶叶
焦糖气	足火茶特有的糖香	多因干燥温度过高，茶叶内所含成分开始轻度焦化所致
纯正	香气正常、纯正	多用于中档茶（茶香既无突出优点、也无明显缺点）
纯和	香气纯而正常，但不高	多用于中档茶
平和	香味不浓，但无粗老气味	多用于低档茶，也用于滋味
粗老气	茶叶因粗老而表现的内质特征	多用于各类低档茶，也用于滋味
水闷气	沉闷沤熟的令人不快的气味	常见于雨水叶或揉捻叶闷堆不及时干燥等原因造成，也用于滋味
青气	成品茶带有青草或鲜叶的气息	多用于夏秋季杀青不透的下档绿茶
陈气 / 味	香气或滋味不新鲜	多见于存放时间过长或失风受潮的茶叶，也用于滋味
异气	油烟、焦、馊、霉等异味	多见于因存放不当而沾染其他气味的茶叶

4. 滋味评语

表6.6 绿茶常用滋味评语

评语	描述	适用范围
鲜爽	鲜美爽口，有活力	多用于高档茶
鲜醇	鲜爽甘醇	多用于高档茶
鲜浓	茶味新鲜浓爽	多用于高档茶
嫩爽	味浓，嫩鲜爽口	多用于高档茶
浓厚	茶味浓度和强度的合称	多用于高档茶
清爽	茶味浓淡适宜，柔和爽口	多用于高档茶
清淡	茶味清爽柔和	用于嫩度良好的烘青型绿茶
柔和	滋味温和	用于高档绿茶
醇厚	茶味厚实纯正	用于中、上档茶
收敛性	茶汤入口后口腔有收紧感	高中低档茶均适用
平淡	味淡平和，浓强度低	多用于中、低档茶
苦涩	茶汤既苦又涩	多见于夏秋季制作的大叶种绿茶
青涩	味生青，涩而不醇	常用于杀青不透的夏秋季绿茶
火味	似炒熟的黄豆味	多见于干燥工序中锅温或烘温太高的茶叶

5. 叶底评语

表 6.7　绿茶常用叶底评语

评语	描述	适用范围
鲜亮	色泽新鲜明亮	多用于新鲜、嫩度良好而干燥的高档绿茶
绿明	绿润明亮	多用于高档绿茶
嫩匀	芽叶匀齐一致，细嫩柔软	多用于高档绿茶
柔嫩	嫩而柔软	多用于高档绿茶
柔软	嫩度稍差，质软，手按后服贴在盘底	多用于中、高档绿茶
芽叶成朵	茎叶细嫩而完整相连	多用于高档绿茶
叶张粗大	大而偏老的单片及对夹叶	多用于粗老的叶底
红梗红叶	绿茶叶底的茎梗和叶片局部带暗红色	多见于杀青温度过低、未及时抑制酶活性，致使部分茶多酚氧化水不溶性的有色物质，沉积于叶片组织。
青张	叶底中夹杂色深较老的青片	多用于制茶粗放、杀青欠匀欠透，老嫩叶混杂、揉捻不足的绿茶
黄熟	色泽黄而亮度不足	多用于茶叶含水率偏高、存放时间长或制作中闷蒸和干燥时间过长以及脱镁叶绿素较多的高等绿茶

二、绿茶品质特征

　　绿茶茶品种类非常多，下面选取几种名优绿茶，对其品质特征进行介绍。需要注意的是，即使是同一种茶叶，不同年份、产地、等级等都会有不同的品质特征，下列审评结果仅供参考。

表 6.8 部分名优绿茶审评单

样品	外形	汤色	香气	滋味	叶底
西湖龙井（浙江杭州）	扁平挺直，光削，匀整，嫩绿油润	嫩绿明亮	嫩香显，馥郁	醇厚，甘爽	嫩厚成朵，匀齐，嫩绿明亮
洞庭碧螺春（江苏吴县）	细紧纤秀，卷曲多毫，嫩绿油润	嫩绿明亮	嫩香清鲜	醇厚，甘爽	幼嫩成朵，匀齐，嫩绿鲜亮
蒙顶甘露（四川名山县）	细紧卷曲，多毫，嫩绿，油润	嫩绿明亮	嫩香显，鲜爽	浓厚，鲜爽	幼嫩成朵，匀齐，嫩绿明亮
径山茶（浙江余杭）	细紧卷曲，白毫显露，嫩绿带翠，油润	嫩绿明亮	清鲜，有花香	鲜醇	细嫩成朵，嫩绿鲜亮
南京雨花茶（江苏南京）	细紧挺直，似松针，有毫，匀整，深绿油润	嫩黄明亮	清高	浓醇，鲜爽	幼嫩多芽，匀齐，嫩绿明亮
信阳毛尖（河南信阳）	细，紧，直，显毫，嫩绿油润	嫩黄明亮	清高	浓醇	幼嫩成朵，嫩绿明亮
涌溪火青（安徽泾县）	盘花成颗粒状，腰圆形，紧结有毫，墨绿油润	嫩绿明亮	清高，甘爽	浓醇，鲜爽	嫩厚成朵，匀齐，嫩绿明亮
安吉白茶（浙江安吉）	凤尾形，匀整，鲜绿油润	嫩绿明亮	清高，鲜爽	浓醇，鲜爽	嫩厚成朵，匀齐，嫩白鲜亮
黄山毛峰（安徽黄山）	兰花形，匀整，嫩绿鲜润	浅嫩绿明亮	嫩爽	甘和	嫩厚成朵，匀齐，嫩绿明亮
太平猴魁（安徽太平）	玉兰花形，扁直（两叶抱一芽），苍绿油润	嫩黄明亮	清高	浓醇，鲜爽	嫩厚成朵，嫩绿明亮
六安瓜片（安徽六安）	单片，不带茎梗，叶边背卷成条，匀整，色泽深绿起霜	绿亮	高爽	浓醇，较爽，火工足	嫩单片，匀齐，嫩绿明亮
武阳春雨（浙江武义县）	全芽，匀整，嫩绿油润	浅嫩绿清澈明亮	花香，嫩香，栗香	浓爽，带花香	全芽肥嫩，匀齐，嫩绿明亮

三、绿茶选购技巧

绿茶加工过程中，鲜叶内的天然物质保留较多，如茶多酚、咖啡碱、叶绿素、维生素等，从而形成了绿茶"三绿（干茶绿、汤色绿、叶底绿）"的特点，只有掌握一定的辨识能力和选购技巧，方能买到色香味俱佳的绿茶。

（一）观验干茶

选购前应先看干茶，首先将其握于手中捏一下判断干湿情况，能捏碎说明水分含量较少，捏后不变形说明茶叶可能已受潮，这种茶叶易发霉变质不耐贮存，故不宜购买。然后进一步观验干茶，通过外形、色泽、嫩度等因子来判断茶叶的优劣（详见下表）。值得注意的是，白毫即嫩芽经过烘焙后形成的白色茸毛，一般茶芽越嫩，制成的茶叶越是白毫显露且紧附茶叶，然而这种方法只适用于毛峰、毛尖、银针等茸毛类，西湖龙井、竹叶青等经过脱毫处理的绿茶白毫含量很少。接下来是闻香气，质量越好的绿茶，香味越浓郁扑鼻，可将干茶投入经沸水烫盏的杯中充分嗅闻，有青草气等杂味者均为次质。

表 6.9 优质绿茶与次质绿茶外形因子评定表

品质因子	外形	色泽	嫩度
优质绿茶	扁形绿茶茶条扁平挺直、光滑，卷曲形或螺形绿茶条索紧细、弯直光滑，质重匀齐	茶芽翠绿、油润光亮	白毫或锋苗显露，身首重实
次质绿茶	外形看上去粗糙、松散、结块、短碎者均为次质	色泽深浅不一，枯干、花杂、细碎，灰暗而无光泽等情况的均为次质	芽尖或白毫较少，茶叶外形粗糙，叶质老，身首轻

图 6.23 优质龙井与次质龙井干茶对比图（左质优、右质次）

（二）品评茶汤

评鉴过干茶后就要开汤品尝了，通过茶汤的香气、汤色、滋味来判断茶叶的优劣（详见下表）。

表 6.10 优质绿茶与次质绿茶香气、汤色因子评定表

品质因子	香气	汤色	滋味
优质绿茶	香气要清爽、醇厚、浓郁、持久，并且新鲜纯正，没有其他异味	茶汤色丽艳浓、澄清透亮，无混杂	先感稍涩，而后转甘，鲜爽醇厚
次质绿茶	香气淡薄，持续时间短，无新茶的新鲜气味	茶汤亮度差，色淡，略有浑浊	味淡薄、苦涩或略有焦味

香气方面主要考察其纯度、香气类型及持久性等；汤色方面主要通过其明亮程度来判断，好的茶是比较亮的，如图 6.24 中的茶样从左至右等级越来越高，其汤色也是越来越明亮；滋味审评就是判断茶好不好喝，一般口含 5 毫升茶汤一到两秒钟，让茶汤先后在舌尖两侧和舌根滚动，充分体会其滋味特征。

图 6.24 不同等级三杯香茶的干茶、茶汤、叶底对比图（由左至右等级越来越高）

最后是评叶底，根据叶底的嫩度、均匀度和色泽进行鉴定。

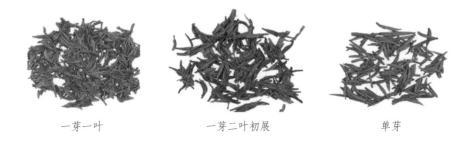

一芽一叶   一芽二叶初展   单芽

图 6.25 叶底形状、嫩度

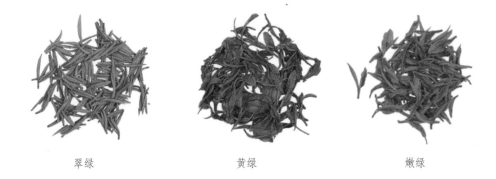

翠绿   黄绿   嫩绿

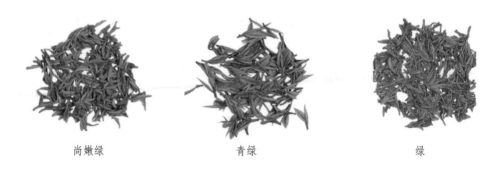

| 尚嫩绿 | 青绿 | 绿 |

图 6.26 叶底色泽

(三) 国家地理标志保护产品

作为茶叶新手，要想买到优质的茶叶，最保险的方式就是购买知名品牌茶叶以及认准国家地理标志保护。地理标志是指标示某商品来源于某地区，该商品的特定质量、信誉或者其他特征，主要由该地区的自然因素或人为因素所决定的标志，该词源于 19 世纪的法国，其葡萄酒的独步天下便很大程度上得益于其原产地名称保护制度。

图 6.27 2016 年西湖龙井三大防伪标识

2016 年正宗西湖龙井茶的外包装将呈现三大防伪标志，即由质检部门印制的地理标、由杭州市西湖龙井茶管理协会印制的茶农标和证明标，并首次启用二维码防伪查询。

图 6.28 西湖龙井茶基地一级保护区

　　地理标志对于茶叶原产地保护具有重要的意义，古语云："橘生淮南则为橘，生于淮北则为枳。"茶叶也是如此，同一品种生长于不同环境条件下，制作出的茶叶特质也会有所差别，因此原产地生产的茶叶往往更受青睐。在国家质量监督检验检疫总局推出的地理标志保护产品名录中，西湖龙井、黄山毛峰、碧螺春、信阳毛尖、六安瓜片、太平猴魁等知名绿茶均位列其中。在中国，与地理标志称谓相似的还有"地理标志产品""原产地域产品""农产品地理标志"等，它们在本质上是基本一致的，均能指导消费者买到原产地生产的茶叶。

图 6.29 中国地理标志、中华人民共和国地理标志保护产品、农产品地理标志

四、绿茶保鲜贮存

绿茶极易吸湿、吸异味，在自然环境条件下容易变质，即使在没有开封的情况下长时间存放也会失去香味。因此在贮藏方面要下足工夫，不然买到再好的绿茶也无法品饮到其真味。

（一）绿茶贮存五大忌

1. 忌潮湿

茶叶易吸潮发生霉变，贮存时应避免放置于潮湿之地，含水量应控制在 6% 以下，最好是 4% 左右。

2. 忌光线

光线直射会加速茶叶中各种化学反应的进行，导致茶叶色素氧化变色、芳香物质分解破坏等。因此，不要将茶叶贮存在玻璃容器或透明塑料袋中，应避光保存。

3. 忌空气

绿茶中很多成分易与空气中的氧气结合，氧化后的绿茶会出现汤色变红、香气变差、营养价值降低等现象。因此，贮存绿茶时应避免将其暴露在空气中，一旦开封应尽快饮用。

4. 忌高温

高温会破坏茶叶中的有效成分，严重影响茶叶的色泽、香气和滋味。一般绿茶的最佳贮存温度为0℃～5℃，最好能放在冰箱内进行冷藏保存。

5. 忌异味

茶叶极易吸收异味，如果将其与有异味的物品混放，就会吸收异味且无法去除。因此在贮存茶叶时最好将其单独存放，避免受其他气味的影响。

（二）绿茶贮存五方法

了解了绿茶变质的原因，我们便能因势利导地选择合适的贮存方法，常见的方法主要有以下五种：

1. 低温贮存法

将绿茶放在冰箱、冷藏柜中保存，冷藏温度维持在0℃～5℃为宜；若贮藏期超过半年,则以冷冻(-10℃～-18℃)效果较佳。最好能有专门的贮茶冰柜，如必须与其他食物混放，则应完全密封以免吸附异味。由冷柜内取出茶叶

时，应待茶罐温度回升至与室温相近时再取出茶叶，否则骤然打开茶罐容易使茶叶表面凝结水汽，加速劣变。

2. 瓦坛贮存法

用牛皮纸或其他质地厚实的纸张（切忌用报纸等异味纸张）把绿茶包好，在瓦罐内沿四周摆放，中间放块状石灰包，石灰包的大小视茶叶数量而定，然后用软草纸垫盖坛口，减少空气进入。每过2～3个月检查一次内部石灰的吸湿程度，当其变成粉末时应及时更换。如一时没有块状石灰更换，也可用硅胶代替，当硅胶呈粉红色时取出烘干，待其变为绿色时再用。在此条件下一般可保存6～10个月。

3. 金属罐贮存法

可选用铁罐、不锈钢罐或质地密实的锡罐，其中，锡罐材料致密，对防潮、阻光、防氧化、防异味有很好的效果，是很好的选择。如果是新买的罐子，或因原先存放过其他物品而残存味道的罐子，可先用少许茶末置于罐内，盖上盖子，上下左右摇晃后倒弃，以去除异味。此外应注意的是，不要将茶叶直接与铁等金属接触，避免发生化学反应而影响茶叶品质。

4. 铝箔袋贮存法

铝箔袋具有无毒无味、耐高温（121℃）、耐低温（-50℃）、耐油、

价格低廉等优势，柔软性、热封性、机械性、阻隔性、保香性均较强，能有效防水、防潮、防异味，很适合贮存绿茶。

5. 热水瓶贮存法

热水瓶也可以作为贮存茶叶的器皿，将绿茶放置于瓶胆内，盖好塞子，若一时不饮用，可用蜡封口以防止漏气，延长保存时间。由于瓶内空气少，温度相对稳定，瓶内的茶叶可以保存数月。但要注意所选用的热水瓶胆隔层不能有破损，内壁的水垢也要清除干净，以免污染茶叶。

第七篇
绿茶之效——万病之药增人寿

　　绿茶中天然物质保留的比较多，如茶多酚、咖啡碱保留率在85%以上，叶绿素保留了5%左右，维生素等的损失也较其他茶类少，从而形成了绿茶"清汤绿叶，滋味收敛性强"的特点。茶作为风靡世界的三大非酒精饮料之一，不仅在中国被称为"国饮"，更因其突出的保健功效而被世界各国所青睐。

清塘荷韵（三峡旅游职业技术学院 刘梦林 指导老师：王安琪）

一、绿茶的功效成分

茶叶中经过分离鉴定的化合物有 700 多种，主要包括果胶物质、茶多酚类、生物碱类、氨基酸类、糖类、有机酸、灰分等，它们构成了茶叶的品质和滋味。

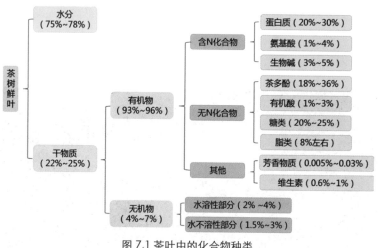

图 7.1 茶叶中的化合物种类

绿茶中的主要功效成分有茶多酚、咖啡碱、茶氨酸、维生素及微量元素。

（一）茶多酚

茶多酚是茶叶中多酚类物质的总称，可分为黄烷醇类（儿茶素类）、黄酮及黄酮醇类（花黄素类）、花青素类和花白素类、酚酸和缩酚酸类。其中儿茶素类化合物是茶多酚中最具保健价值的部分，约占茶多酚总量的 70% ~80%，主要包括表儿茶素（EC）、表没食子儿茶素（EGC）、表儿茶素没食子酸酯（ECG）和表没食子儿茶素没食子酸酯（EGCG）四种物质。茶多酚是形成茶叶色香味的主要成分之一，我们饮茶时常感受到的涩味主要就是由多酚类化合物引起的，同时它也是茶叶中有保健功能的主要成分之一。

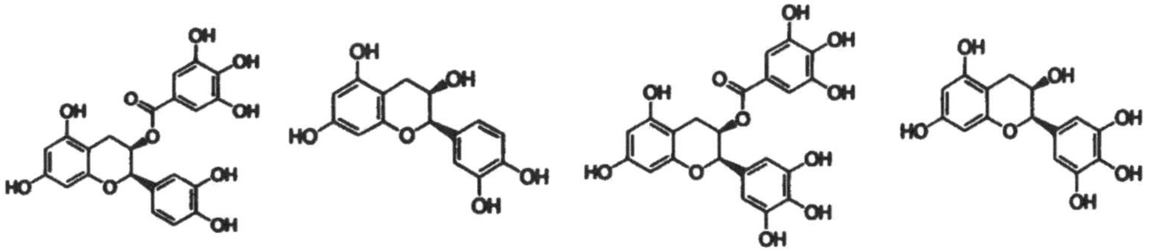

图 7.2 四种主要儿茶素的分子结构式

在六大茶类中，绿茶中茶多酚的含量最高，为 20%～30%。研究表明，茶多酚具有降血脂、防止血管硬化、消炎抑菌、防辐射、抗癌、抗突变等作用。

（二）咖啡碱

茶叶鲜叶中的咖啡碱是嘌呤衍生物，在茶叶中的含量一般在 2%～4% 之间，有苦味，具有兴奋中枢神经系统、解除大脑疲劳、加强肌肉收缩、强心利尿，减轻酒精和烟碱的毒害等药理功效。众所周知的茶叶提神醒脑功效便是来自于其中富含的咖啡碱。而且，茶叶中的咖啡碱常和茶多酚呈络合状态存在，能抑制咖啡碱在胃部产生作用，避免刺激胃酸的分泌，大大缓解了咖啡碱在人体中可能造成的不适。

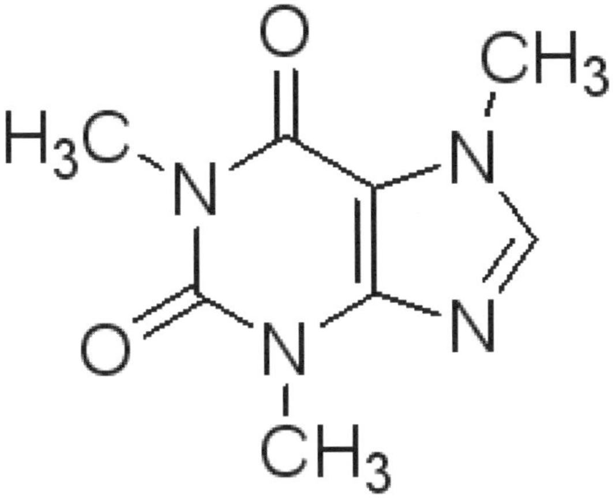

图 7.3 咖啡碱分子结构式

尽管目前普遍认为适量咖啡碱对健康成年人一般无害，但对咖啡碱敏感的人群一次性摄入 10 mg 咖啡碱便会引起某些不适症状，而对于儿童、妇女以及某些病患者来说，茶叶中的咖啡碱也成了他们望茶生畏的主要原因。为此，对于低咖啡碱或脱咖啡碱茶的研制引起了研究者的广泛关注，目前多采用热水浸提法、有机溶剂法和超临界流体萃取法来生产低咖啡碱或脱咖啡碱绿茶。

（三）茶氨酸

茶氨酸是茶叶中特有的氨基酸，占茶叶中游离氨基酸的 50% 以上，是 1950 年日本学者酒户弥二郎首次从绿茶中分离并命名的。品饮绿茶时感受到的鲜爽味就是来源于茶氨酸，它能够显著抑制茶汤的苦涩味。低档绿茶添加茶氨酸可以提高其滋味品质。

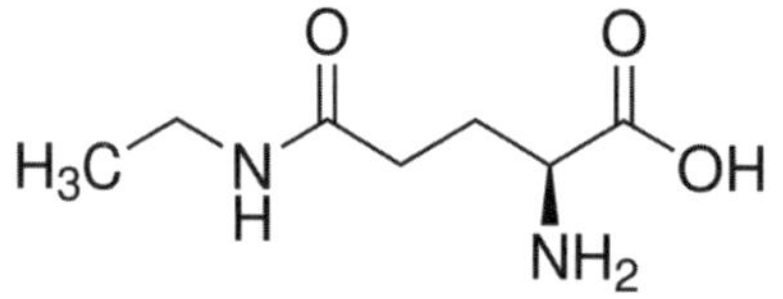

图 7.4 茶氨酸分子结构式

茶氨酸具有多种生理功能和药理活性，如增强机体免疫力，抵御病毒侵袭；镇静作用，抗焦虑、抗抑郁；增强记忆，改善学习效率；改善女性经前综合征（PMS）；增强肝脏排毒功能；增加唾液分泌，对口干综合征有防治作用；协助抗肿瘤作用等。

安吉白茶作为浙江名茶的后起之秀，就是因为其丰富的茶氨酸含量而形成了独特的口感和保健功效，深受广大消费者的喜爱。安吉白茶是一种珍罕的变异茶种，属于"低温敏感型"茶叶，每年约有一个月的时间产白叶茶。以原产地浙江安吉为例，春季，因叶绿素缺失，清明前萌发的嫩芽为白色；在谷雨前，色渐淡，多数呈玉白色；谷雨后至夏至前，逐渐转为白绿相间的花叶；夏至后，芽叶恢复为全绿，与一般绿茶无异。珍贵的变异特性和优异的生长条件造就了安吉白茶独特的品质特征，其氨基酸含量高出一般茶 1~2 倍，为 6.19%~6.92%，茶多酚为 10.7%。

值得注意的是，安吉白茶属绿茶类，与中国六大茶类"白茶类"中的白毫银针、白牡丹等是不同的概念。白毫银针、白牡丹是由绿色多毫的嫩叶制作而成的白茶，而安吉白茶则是由一种特殊白叶茶品种中的白色嫩叶按绿茶加工方法制得的名绿茶。它既是茶树的珍稀品种，也是名贵的茶叶品名。

（四）维生素

绿茶中含有多种维生素，其中水溶性维生素（包括维生素 C 和 B 族维生素）可以通过饮茶直接被人体吸收利用。绿茶中维生素 C 的含量是六大茶类中最多的，不仅含量高，而且其中约有 90% 是富有药理功效的还原型维生素 C。在泡茶时，第一泡约可泡出 50%~90%，第二泡约可泡出 10%~30%，几乎全部可以利用。绿茶中的 B 族维生素，含量高而种类又多。饮用绿茶时，第一次冲泡可有 40%~70% 的维生素 B_1 和维生素 B_2 泡出，第二次泡有 20%~30% 泡出，因此，大部分也是可以被人体吸收利用的。

（五）矿物质

茶叶中含量最多的矿物质是钾、钙和磷，其次是镁、铁、锰等，而铜、锌、钠、硒等元素较少。不同的茶叶中其微量元素含量稍有差别，如绿茶所含的磷和锌比红茶高，而红茶中钙、铜、钠的含量比绿茶高。

茶叶中的矿物质对人体是很有益处的，其中的铁、铜、氟、锌比其他植物性食物要高得多，而且茶叶中的维生素 C 有促进铁吸收的功能。氟作为人体必需微量元素，对人体骨骼和牙齿珐琅质生长有着重要的意义，每 100 克茶叶中氟含量可达 10~15 毫克，其中 80% 可溶于茶汤之中，每天饮茶有助于满足人体对氟的需求量。

硒元素含量远高于其他茶叶的绿茶被称为富硒绿茶。硒是人体所必需的微量元素之一，据医学家研究与测定，有 40 多种疾病的发生与缺硒有关，如心血管病、癌症、贫血、糖尿病、白内障等。而硒还具有抗癌、抗辐射、抗衰老和提高人体免疫力的作用。因此，富硒绿茶跟普通绿茶相比，对人体更具保健功能，越来越受到消费者的青睐。国内比较有名的富硒绿茶有陕西紫阳富硒茶、湖北恩施富硒茶等（恩施被誉为"世界硒都"）。

图 7.5 被誉为"中国富锌富硒有机茶之乡"的贵州省凤冈县（汤权·摄）

图7.6 凤冈锌硒绿茶茶叶嫩芽（汤权·摄）

二、绿茶的保健功能

茶在我国最早的利用形式便是作为药物，《神农本草》中有言"神农尝百草，一日遇七十二毒，得茶而解之"。唐代大医学家陈藏器在《本草拾遗》书中指出："诸药为各病之药，茶为万病之药。"绿茶作为历史上最早的茶类，至今其保健功能已得到广泛的认可。绿茶是六大茶类中茶多酚的含量最高的，因而茶多酚中的主要物质儿茶素含量也相应较高，具有突出的保健功能，绿茶也被誉为世界第一保健饮品，美国《时代》杂志评选的全球十大健康食物排行榜中，绿茶也位列其中。

1．抗菌消炎

绿茶中的儿茶素能在不伤害肠内有益菌的情况下抑制部分人体致病菌

的繁殖，如对大肠杆菌、蜡状芽孢杆菌、霍乱弧菌等都有较好的抑制效果。研究表明，喝绿茶能将关键抗生素抗击超级细菌的功效提高3倍以上，并可降低包括"超级细菌"在内的各种病菌的耐药性。

2．抗病毒

茶多酚有较强的收敛作用，对病毒有明显的抑制和杀灭作用。绿茶提取物能够抑制甲、乙型流感病毒，对胃肠炎病毒、乙肝病毒、腺病毒也有较强的对抗抑制作用。此外，研究证实茶多酚是一种新型人体免疫缺陷病毒逆转录酶的强烈抑制剂，能够明显减低I型艾滋病病毒感染人体正常细胞的风险。

3．防治心血管疾病

足够的流行病学证据表明，亚洲人心血管疾病发生率比较低可能与长期饮用绿茶息息相关。绿茶中的主要有效单体成分EGCG（表没食子儿茶素没食子酸酯）可有效抑制压力超负荷所致的心肌肥厚和氧化应激引起的心肌细胞凋亡。此外，饮用绿茶越多，冠状动脉显著性狭窄的患者发病率降低，还能降低胆固醇和高血压，预防动脉粥样硬化。

4．预防阿尔茨海默病（AD，老年痴呆症）

绿茶能够抑制早期老年痴呆症患

者大脑病变神经斑块中丁酰胆碱酯酶的活性，从而抑制β-分泌酶的活性，改变β类淀粉的沉积，有助于早期老年痴呆症患者大脑中蛋白质沉淀物的产生。此外，绿茶中所含的茶多酚具有神经保护功能，可与有毒化合物绑定，抑制阿尔茨海默病的诱发因素，保护大脑细胞。

5．防治口腔疾病

绿茶中的茶多酚能够抑制口腔内多种病毒和病原菌的生长，用茶水漱口有助于消除口臭、防治口腔和咽部炎症等；茶多酚可促进维生素C在体内的吸收和储存，可以辅助治疗维生素C缺乏症；茶叶中的氨基酸及多酚类物质与口内唾液发生反应能调解味觉和嗅觉，增加唾液分泌，对口干综合征有防治作用；绿茶中氟的含量较多，有助对抗龋齿。

6．抗癌

绿茶的防癌功效在已知的各类抗癌食物中名列前茅。动物研究表明，绿茶能抑制皮肤、肺、口腔、食道、胃、肝脏、肾脏、前列腺等器官的癌变，能够抑制肿瘤细胞的增殖，促进肿瘤细胞凋亡。此外，绿茶中的酚类化合物能有效清除自由基、抗氧化，对化学致癌物苯并芘类诱导体有很强的抑制作用，还能抑制芳基烃受体分子的活性，从而阻断某些致癌物质的生成，

进而抑制癌细胞生长。

7．抗衰老

人体新陈代谢过程中产生的大量自由基会导致机体衰老和相关疾病的发生，SOD（超氧化物歧化酶）作为自由基清除剂，能有效清除过剩自由基，阻止自由基对人体的损伤。绿茶中的茶多酚具有很强的抗氧化性和自由基清除能力，同时能够提高SOD活性，具有显著的清除自由基效果。日本奥田拓勇的实验结果表明，茶多酚的抗衰老效果比维生素E强18倍。

8．抗辐射

由于突出的抗辐射功效，人们将茶叶称为"原子时代的饮料"。伊朗科学家发现，工作前2~3小时饮用1~2杯绿茶能够明显降低接触伽马射线工人所受的辐射损伤。英国科学家发现，绿茶能有效减轻紫外线产生的过氧化氢和一氧化氮等有害物质对皮肤的损伤。我国科学家发现，小鼠在饮用绿茶后经γ射线照射引起的细胞突变损伤效应比不喝绿茶的小鼠低。

9．降脂减肥

茶叶的降脂减肥功效是其中多种有效成分综合作用的结果，尤以茶多酚、咖啡碱、维生素、氨基酸最为重要。国内外有较多的研究者认为绿茶提取物能够降低胃和胰腺中脂肪酶的活性，

抑制脂肪在消化道中的分解与吸收。芝加哥大学药用植物研究中心给大鼠连续 7 天注射绿茶提取的儿茶素，结果表明其体重损失高达 21%。研究人员还发现，绿茶多酚能够在不损伤肝功能的条件下减少血液中的血脂、血糖和胆固醇。来自波兰的科学家们发现，绿茶提取物能够抑制人体对淀粉的消化吸收，同时加速淀粉的消耗，可以作为替代葡萄糖水解酶的药物抑制剂应用于控制体重和治疗糖尿病等领域。

三、科学品饮绿茶

虽然绿茶的保健功能显著，但是也不能盲目喝，要根据我们的年龄、性别、体质、工作性质、生活环境及季节变化等来科学饮茶，才能充分发挥绿茶养生保健的功效。

（一）科学饮茶因人而异

从中医角度看，绿茶属凉性，是所有茶叶中下火解毒效果最好的。但是在饮用时要注意酌量，尤其是脾胃虚弱的人不可过量饮用，以免伤及脾胃。《中医体质分类与判定》标准中将人的体质分为 9 种，体质类型和相应的特征如下图所示：

其中，平和质的人什么茶都可以喝；湿热质、阴虚质的人应多饮绿茶；气虚质、阳虚质的人不宜饮用绿茶；气郁质的人可以多喝安吉白茶；血瘀质、痰湿质的人什么茶都可以喝，宜多喝浓茶；特禀质的人应尽量喝淡茶，可以喝像安吉白茶这样的低咖啡碱、高氨基酸的茶。

如不知道自己属于什么体质也没时间做测定的话，可以通过观察身体是否出现不适反应来判断是否适合饮用这类茶。比如若喝绿茶后马上出现肚子不舒服的症状，就说明体质偏寒，应改喝温性的茶；若喝完茶后容易出现头昏或"茶醉"现象，就说明平时应避免喝浓茶；若喝了某种茶后感觉神清气爽，身体感觉良好，那就可以长期饮用。

图 7.7 中医体质分类与判定

同时，不同的职业环境和工作岗位也适饮不同的茶，绿茶的适饮人群及适用理由如下表所示：

表 7.1 绿茶的适饮人群

适饮人群	适用理由
电脑工作者、采矿工人、接触 X 射线的医生、打印复印工作者等	抗辐射
脑力劳动者、驾驶员、运动员、广播员、演员、歌唱家等	提高大脑灵敏程度，保持头脑清醒、精力充沛
运动量小、易于肥胖的职业	去油腻、解内毒、降血脂
经常接触有毒物质的人群	保健效果佳

（二）科学饮茶因时而异

由于我们的身体状况会随着的季节的更替而发生变化，因此喝茶也要根据季节进行调整，即看时喝茶。关于看时喝茶有这样的说法："春饮花茶理郁气，夏饮绿茶去暑湿。秋品乌龙解燥热，冬日红茶暖脾胃。"绿茶味略苦性寒，有解暑消热、败火降燥、清热解毒、生津止渴、强心提神的功能。夏天炎热，人们往往挥汗如雨，也容易精神不振，此时最宜品饮绿茶，不仅能清热消暑，还对身体有保健功效，是夏季必备的保健饮品。

四、茶叶保健品现状

随着茶学研究的不断深入和人们健康意识的日益提高，茶叶深加工与资源综合利用成为茶行业发展的新趋势，以茶为原料开发研制茶保健食品具有广阔的发展前景。

以国家食品药品监督管理总局官方网站（http://www.sfda.gov.cn/）数据库为基础，筛选出 2004—2014 年经国家食品药品监督管理总局批准注册并在官方网站上予以公布的茶保健食品（项目名称带有"茶"字样，且主要原料中含茶叶或茶叶提取物）共 196 个，占全部注册产品的 2.14%，各年度批准保健食品数量及占比的变化趋势如下图所示。

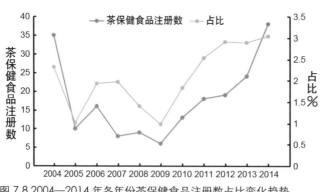

图 7.8 2004—2014 年各年份茶保健食品注册数占比变化趋势

茶保健食品中茶成分的添加形式主要分为茶叶（包括茶叶、红茶、绿茶、乌龙茶、普洱茶、黑茶、花茶 7 项）和茶叶提取物（包括茶叶提取物、绿茶提取物、红茶提取物、黑茶提取物、茶多酚、茶色素 6 项）两大类，其中以绿茶为原料的茶保健食品数量最多，共 97 个，占比 49.49%，远远超过其他茶成分。

表 7.2 2004—2014 年茶保健食品茶成分添加形式

以茶叶为原料			以茶叶提取物为原料		
茶原料形式	注册产品数	占比 (%)	茶原料形式	注册产品数	占比 (%)
绿茶	97	49.49	茶多酚	30	15.31
乌龙茶	12	6.12	绿茶提取物	18	9.18
红茶	11	5.61	茶色素	3	1.53
茶叶	8	4.08	茶叶提取物	2	1.02
普洱茶	8	4.08	红茶提取物	2	1.02
黑茶	2	1.02	黑茶提取物	2	1.02
花茶	1	0.51			
合计	139	70.92	合计	57	29.08

国家食品药品监督管理总局公布的保健食品功能共有 27 项，将保健功能新旧名称统一后予以统计，2004—2014 年批准注册茶保健食品涉及其中 18 项保健功能，可见茶保健食品的保健功能较为全面。其中最为常见的 5 项保健功能为辅助降血脂、减肥、增强免疫力、通便和缓解体力疲劳。

表 7.3 2004—2014 年茶保健食品保健功效

保健功效	产品数量	占比 (%)	保健功效	产品数量	占比 (%)
辅助降血脂	47	23.98	清咽	3	1.53
减肥	39	19.90	对辐射危害有辅助保护功能	3	1.53
增强免疫力	37	18.88	祛黄褐斑	2	1.02
通便	29	14.80	提高缺氧耐受力	2	1.02
缓解体力疲劳	22	11.22	增加骨密度	1	0.51
对化学性肝损伤有辅助保护功能	12	6.12	调节肠道菌群	1	0.51
辅助降血糖	10	5.10	辅助改善记忆	1	0.51
辅助降血压	8	4.08	对胃黏膜有辅助保护功能	1	0.51
抗氧化	7	3.57	祛痤疮	1	0.51

面色泽搭配清丽典雅，令人食欲大增；另一方面茶叶所含的茶多酚能够防止虾仁中的不饱和脂肪酸在高温烹调过程中发生氧化；此外，龙井茶的清香还可以去除虾仁的腥味，于嫩鲜里浸透出茶特有的香气，让人回味醇鲜。

五、绿茶的膳食利用

茶可入药，亦可入食。以绿茶入食，一方面可以利用绿茶独特的清香味除油解腻，另一方面也可通过绿茶突出的保健功能来增加食物的营养价值和药用功效。

图 7.9 以茶入膳食

图 7.10 龙井虾仁

绿茶入菜肴早在 3000 多年前就已存在，《晏子春秋》载："婴相齐景公时，食脱粟之饭。炙三弋五卵，茗菜而已。"可见茶菜历史之久远。绿茶具有"清汤绿叶"的品质特色，香气清香芬芳，滋味收敛性较大，适宜烹制口感清淡的菜肴。绿茶菜肴最有名的当属龙井虾仁，龙井虾仁作为一道极富杭州特色的杭州名菜，虾仁玉白、鲜嫩，茶叶碧绿、清香，搭配堪称绝妙。一方

此外，绿茶粉的利用大大促进了以茶入食的发展，其中抹茶糕点深受广大消费者，尤其是年轻群体的喜爱。很多糕点，如酥糖、饼干等，原来都是重油、重糖的食品，加入绿茶粉改良后，口感会变得甜而不腻，还能摄入绿茶中的很多功效成分。同时，茶多酚作为一种国家批准的油脂抗氧化剂，在糖果、糕饼中被广泛应用，例如，

在糖果中加入茶多酚能起到抗氧化保鲜、固色固香、除口臭等作用；在月饼中添加茶多酚能延长其保质期等。

图 7.11 绿茶糕点

第八篇
绿茶之雅——寻茶问道益文思

　　"茶"字拆开看为"人在草木间"，反映出人类面对自然的态度，也折射出面对人生的心境。绿茶积淀着中国几千年的文化内涵，从古至今，无数历史典故及名家名篇中都有绿茶的身影，每每读来仿佛都能跨越历史的长河，纵观杯中天地，品味苍宇人生。

运河情（浙江经贸职业技术学院　毛斌　指导老师：龚恕）

一、历史典故

1. 龙井茶的传说

相传，清代乾隆年间，风调雨顺，国力强盛，乾隆皇帝下江南，来到杭州龙井狮峰山下，看乡女采茶，一时兴起也跟着采了起来。才刚采了不久，忽然太监来报："太后有病，请皇上急速回京。"乾隆皇帝闻讯就随手将刚采的那一把茶叶向袋内一放，日夜兼程赶回京城。

回京后，发现原来太后因山珍海味吃多了，一时肝火上升，双眼红肿，胃里不适。乾隆皇帝进京见到太后，太后闻到一股清香，便问带来什么好东西。皇帝也觉得奇怪，随手一摸，才发现是杭州狮峰山的一把茶叶，经过几天的行程茶叶已经干了，浓郁的香气就是它散发出来的。太后命宫女将茶泡来品尝，只觉清香扑鼻，喝完了茶，红肿消了，胃也不胀了。太后高兴地说："杭州龙井的茶叶，真是灵丹妙药。"乾隆皇帝见此，立即传令下去，将杭州龙井狮峰山下胡公庙前那十八棵茶树封为御茶，每年采摘新茶，专门进贡太后。

图 8.1 老龙井与十八棵御茶树

2. 碧螺春的传说

碧螺春是中国传统名茶,产于江苏吴县太湖之滨的洞庭山。喝过碧螺春的朋友都知道,其浓郁清香的味道乃是碧螺春的一大特点,因而在清朝之前,碧螺春被人们叫做"吓煞人香"。清代王彦奎《柳南随笔》载:"洞庭东山碧螺峰石壁,产野茶数株。康熙某年,土人按候而采,筐不胜载。初未见异,因置怀间,茶得热气异香忽发,采者争呼曰:'吓杀(煞)人香'"。由此当地人便将此茶叫"吓煞人香"。到了清代康熙年间,康熙皇帝视察时品尝了这种汤色碧绿、卷曲如螺的名茶,倍加赞赏,但觉得"吓煞人香"其名不雅,于是题名"碧螺春"。从此以后,碧螺春茶就成为了历年进贡之茶中珍品。

图 8.2 洞庭碧螺春产区

3. 从来佳茗似佳人

绿茶之妙，妙在清淡，又悄然释放出含蓄的魅力，恰似婉约动人的江南女子，可闻香而不见粉黛，可意会而不可言传。把茶比作女子大约是从苏东坡开始的："仙山灵雨湿行云，洗遍香肌粉未匀。明月来投玉川子，清风吹破武林春。要知冰雪心肠好，不是膏油首面新。戏作小诗君勿笑，从来佳茗似佳人。"诗中"明月"指

图8.3 书法家张周林隶书茶联

一种外形似明月的茶饼，颈联中的"冰雪"也是茶的一种别称。宋代的茶是团茶，表面涂油膏，并绘以龙凤等图像，所以苏东坡将其比作装扮后的美人。"从来佳茗似佳人"，也成了千古名句。后来，人们将苏东坡的另一首诗中的"欲把西湖比西子"与"从来佳茗似佳人"辑成一联，陈列到茶馆之中，成为一副名联。

4. 以茶代酒的由来

中华民族是礼仪之邦，素有"以茶代酒"的习俗，每逢宴饮，不善饮酒或不胜酒力者，往往会端起茶，道一句"以茶代酒"，既推辞了饮酒，又不失礼节，而且极富雅意。

"以茶代酒"的典故始于三国东吴的末代皇帝孙皓。据《三国志·吴志·韦曜传》记载，孙皓嗜好饮酒，每次设宴，来客至少饮酒七升。但是他对博学多闻而酒量不大的朝臣韦曜甚为器重，常常破例，每当韦曜难以下台时，他便"密赐茶荈以代酒"。然而韦曜是耿直之臣，常批评孙皓，说他在酒席上"令侍臣嘲谑公卿，以为笑乐"，长久以往，"外相毁伤，内长尤恨"。后韦曜被投入大狱处死，孙皓四年后也病故洛阳，后世便流传下了"以茶代酒"的典故。

5. 最是风雅话斗茶

斗茶，又名斗茗、茗战，始于唐

而盛于宋，顾名思义就是比赛茶叶质量的好坏。衡量斗茶的效果，一是看茶面汤花的色泽和均匀程度，二是看盏的内沿与茶汤相接处有没有水的痕迹。汤花色泽以纯白为上，青白、灰白、黄白依而次之。汤花保持的时间较长，能紧贴盏沿而不散退的，叫做"咬盏"。散退较快的，或随点随散的，叫做"云脚涣乱"。汤花散退后，盏的内沿就会出现水的痕迹，宋人称为"水脚"。汤花散退早，先出现水痕的斗茶者，便是输家。

图 8.4 《斗茶图》 元·赵孟頫

在宋代斗茶为雅事，名人墨客趋之若鹜，宋徽宗《大观茶论》、范仲淹《斗茶歌》、江休复《江邻几杂志》、蔡襄《茶录》、黄儒《品茶要录》、唐庚《斗茶论》、赵孟頫《斗茶图》、刘松年《茗园赌市图》以及张择端的《清明上河图》等，都反映了当时鼎盛的斗茶情景。

6. 毛主席与龙井茶

毛主席爱喝茶，尤其爱喝龙井茶，喝茶的量也很大，一天至少要泡两次新茶。他从早到晚总习惯于一边喝龙井茶，一边看书看报或伏案工作，而且茶瘾较重，喜欢喝浓茶。除此之外，毛主席还习惯吃茶渣，就是每当茶叶泡二、三次喝干后，就用手捞出杯中的茶渣，放在嘴里咀嚼后咽进肚里，而且总是吃得津津有味。

毛主席多次来杭州下榻于西子湖畔的刘庄，每天都喝龙井茶，还曾和随行人员一同去茶园采茶，采摘后立即送去炒制，然后又一起冲泡品尝，享受着劳动的快乐。如今，刘庄茶园的一旁建立了一座纪念亭，叫作"宽余亭"，亭柱上有一副楹联，写着："广宇驰怀，深谋天下三分策；闲庭信步，欣采江南一片春。"

图 8.5 西湖龙井茶乡春色

二、茶之诗词

　　绿茶是大自然给予人类的精神馈赠，从古至今，不少文人墨客都曾以绿茶为题材，或咏名茶、或述茶事，创作了许多脍炙人口、流芳千古的美丽诗篇。

答族侄僧中孚赠玉泉仙人掌茶
（唐·李白）

尝闻玉泉山，山洞多乳窟。
仙鼠白如鸦，倒悬清溪月。
茗生此中石，玉泉流不歇。
根柯洒芳津，采服润肌骨。
丛老卷绿叶，枝枝相接连。
曝成仙人掌，以拍洪崖肩。
举世未见之，其名谁定传。
宗英乃禅伯，投赠有佳篇。
清镜烛无盐，顾惭西子妍。
朝坐有馀兴，长吟播诸天。

这首咏茶诗生动形象地描写了仙
人掌茶的独特品质，是名茶入诗最早
的诗篇。据史料记载，唐时，著名诗
人李白品尝了族侄中孚禅师所赠的仙
人掌茶后，觉得此茶清香滑熟、形味
俱佳，便欣然提笔取名"玉泉仙人掌
茶"，并作诗一首以颂之。诗中详细
介绍了仙人掌茶的出处、品质、功效等，
是重要的茶叶资料和咏茶名篇，玉泉
仙人掌茶也因此名声大振。

琴茶
（唐·白居易）

兀兀寄形群动内，陶陶任性一生间。
自抛官后春多梦，不读书来老更闲。
琴里知闻唯渌水，茶中故旧是蒙山。
穷通行止常相伴，谁道吾今无往还？

诗中"蒙山"指蒙山茶，现在常
称蒙顶茶，是汉族传统绿茶，因产于
四川雅安蒙顶山区而得名。相传西汉
时，甘露祖师吴理真在上清峰手植七
株茶树，茶树"高不盈尺，不生不灭，
迥异寻常"，久饮该茶有延年益寿之
奇效，故有"仙茶"之誉。诗人举此茶，
便是借以表明自己超然的思想。

图8.6 蒙顶山皇茶园

大云寺茶诗
（唐·吕岩）

玉蕊一枪称绝品，僧家造法极功夫。
兔毛瓯浅香云白，虾眼汤翻细浪俱。
断送睡魔离几席，增添清气入肌肤。
幽丛自落溪岩外，不肯移根入上都。

　　该诗描述了大云寺新茶冲泡、品饮的美妙享受。第一句形容采摘下来的鲜叶旗枪嫩芽，是制备绿茶的上好极品。第二句中"香云白""虾眼"则是形容飘香的白色茶汤和水初沸时的水泡。第三句描述了饮茶后的体验，顿觉神清气爽、困意全无，茶之清香似乎渗入肌肤当中，表达了诗人对大云寺新茶的喜爱。

湖州贡焙新茶
（唐·张文规）

凤辇寻春半醉回，仙娥进水御帘开。
牡丹花笑金钿动，传奏湖州紫笋来。

　　该诗描绘了唐朝宫廷的一幅日常生活图景，前两句写皇上踏春而归已是半醉微醺，后两句生动地描绘了宫女传奏吴兴紫笋茶到来消息的喜悦之情，表达了对贡焙新茶的期待与珍爱。

　　题目中提到的"贡焙"是指由朝廷指定生产的贡茶，除此之外，还有由地方官员选送进贡的茶叶，称为"土贡"。湖州是中国历史上第一个专门采制宫廷用茶的贡焙院所在地，最后一句提到的"湖州紫笋"便是产于此地的老牌贡茶顾渚紫笋，很多诗人都曾赋诗赞颂其优良的品质。白居易在《夜闻贾常州、崔湖州茶山境会亭欢宴》一诗中——青娥递舞应争妙，紫笋齐尝各斗新——描绘了当时紫笋茶的盛况；南宋诗人袁说友的《尝顾渚新茶》——碧玉团枝种，青山撷草人。先春迎晓至，未雨得芽新。云叠枪旗细，风生齿颊频。何人修故事，香味彻枫宸——介绍了品饮顾渚紫笋新茶的美妙体验。

走笔谢孟谏议寄新茶
（唐·卢仝）

日高丈五睡正浓，军将打门惊周公。
口云谏议送书信，白绢斜封三道印。
开缄宛见谏议面，手阅月团三百片。
闻道新年入山里，蛰虫惊动春风起。
天子须尝阳羡茶，百草不敢先开花。
仁风暗结珠琲瓃，先春抽出黄金芽。
摘鲜焙芳旋封裹，至精至好且不奢。
至尊之馀合王公，何事便到山人家？
柴门反关无俗客，纱帽笼头自煎吃。
碧云引风吹不断，白花浮光凝碗面。
　　一碗喉吻润，二碗破孤闷。
　　三碗搜枯肠，唯有文字五千卷。
四碗发轻汗，平生不平事，尽向毛孔散。
　　五碗肌骨清，六碗通仙灵。
七碗吃不得也，唯觉两腋习习清风生。

蓬莱山，在何处？

玉川子，乘此清风欲归去。

山上群仙司下土，地位清高隔风雨。

安得知百万亿苍生命，堕在巅崖受辛苦。

便为谏议问苍生，到头还得苏息否？

该诗是唐代诗人卢仝品尝友人孟简所赠的贡品阳羡茶后的即兴作品，是后世广为流传的茶文化经典之作，卢仝也因其诗而被尊为自茶圣陆羽后的"亚圣"。全诗分为三个部分——

图8.7 顾渚茶文化风景区

茶的物质层面、茶的精神层面和茶农的苦难境遇，尤以第二部分最为出名，常被单独提取吟咏，命名为《七碗茶歌》。

江苏宜兴古称阳羡，是我国著名的古茶区之一，诗中所提到的"阳羡茶"便产自于此。阳羡茶与西湖龙井、洞庭碧螺春等齐享盛名，不仅作为贡茶深受皇亲国戚的偏爱，更为不少文人雅士所赞颂。北宋沈括《梦溪笔谈》载："古人论茶，唯言阳羡、顾渚、天柱、蒙顶之类。"

图 8.8 江苏宜兴阳羡茶文化博览园

唐代朝廷每年在贡茶上花费的人力物力巨大，正如袁高在《茶山》中所述："动生千金费，日使万姓贫"。朝廷专门设立贡茶院生产贡茶专供皇宫享用，宜兴贡茶院便是最早的一批，关于其繁盛之状有"房屋三十余间，役工三万人""工匠千余人""岁贡阳羡茶万两"的记载。因所产贡茶极为珍贵，且备受皇室喜爱，第一批茶必须确保在清明前送至长安以祭祀宗庙，故须经驿道快马加鞭、日夜兼程急送长安，称为"急程茶"，其尊贵地位从诗中"天子须尝阳羡茶，百草不敢先开花"一句可见一斑。

与赵莒茶宴
（唐·钱起）

竹下忘言对紫茶，全胜羽客醉流霞。
尘心洗尽兴难尽，一树蝉声片影斜。

该诗描绘了一幅竹林茶宴图，"大历十才子"之一的钱起与友人赵莒一同以茶代酒，聚首畅谈，在自然山水的幽静清雅和紫笋茶的芳馨灵秀中放下尘世杂念，一心清静了无痕。诗中所写的"紫茶"即紫笋茶，是著名的传统绿茶，从唐肃宗年间（公元756—761）起被定为贡茶。最早出紫笋贡茶的是当时的阳羡（现今的宜兴），茶圣陆羽品尝后大加赞赏，阳羡紫笋茶也因此名扬全国，从此朝廷将其定为

贡茶。后来因为宜兴贡茶需求量太大，才由浙江长兴顾渚分造。

咏茶十二韵
（唐·齐已）

百草让为灵，功先百草成。
甘传天下口，贵占火前名。
出处春无雁，收时谷有莺。
封题从泽国，贡献入秦京。
嗅觉精新极，尝知骨自轻。
研通天柱响，摘绕蜀山明。
赋客秋吟起，禅师昼卧惊。
角开香满室，炉动绿凝铛。
晚忆凉泉对，闲思异果平。
松黄干旋泛，云母滑随倾。
颇贵高人寄，尤宜别柜盛。
曾寻修事法，妙尽陆先生。

该诗描绘了茶的生长、采摘、入贡、功效、烹煮、寄赠等一系列茶事，语言流畅，对仗精美。第二联中的"火前"指的是寒食节之前，旧俗清明前一天有"寒食禁火"的习俗，即不可生火，只能吃冷食。采制于"火前"的茶甚为名贵，白居易有诗云："红纸一封书信后，绿芽十片火前春。"

根据采摘时间的不同，目前常将春茶分为明前茶和雨前茶。顾名思义，明前茶是清明节前采制的茶叶，雨前茶是谷雨前（4月5日以后至4月20日左右）采制的茶叶。一般而言，采

摘时间越早的茶叶越细嫩，造就了明前茶优良的品质特征，加之此时茶树生长速度较慢，可供采摘的芽叶数量少，使得明前茶的价格会昂贵很多。故常有"明前茶，贵如金"的说法。雨前茶虽不及明前茶细嫩，但由于该段时间内气温升高，芽叶生长速度较快，积累的内含物也较丰富，因此雨前茶在滋味上更加鲜浓耐泡，价格上也更实惠一些。

峡中尝茶
（唐·郑谷）

簇簇新英摘露光，小江园里火煎尝。
吴僧漫说鸦山好，蜀叟休夸乌嘴香。
合座半瓯轻泛绿，开缄数片浅含黄。
鹿门病客不归去，酒渴更知春味长。

该诗是诗人郑谷在峡州品饮当地名茶"小江园茶"时所作。诗人提到了两大唐代名茶：产自安徽宣城的鸦山茶和产自四川的乌嘴茶，认为它们都比不上自己正在品尝的小江园茶，是对小江园茶无上的褒奖。

题茶山
（唐·杜牧）

山实东吴秀，茶称瑞花魁。
剖符虽俗吏，修贡亦仙才。

溪尽停蛮棹，旗张卓翠台。
柳村穿窈窕，松涧度喧逐。
等级云峰峻，宽采洞府开。
拂天闻笑语，特地见楼台。
泉嫩黄金涌，牙香紫蟹裁。
拜章期天日，轻骑疾奔雷。
舞袖岚侵涧，歌声谷答回。
磬音藏叶鸟，雪艳照谭梅。
好是全家到，兼为奉诏来。
树阴香作帐，花经落成堆。
景物残三月，登临怆一杯。
重游难自克，俯首入尘埃。

该诗描绘了茶山的自然风光、修贡时的繁华景象以及紫笋茶的入贡，诗中提到的"瑞草魁"是历史名茶，产于安徽南部的鸦山，又名鸦山茶，自唐以来盛名不衰。唐代陆羽《茶经》中就有关于古宣州鸦山产茶的记载，五代蜀毛文锡《茶谱》载："宣城县有丫山（即鸦山），小方饼横铺茗牙装面。其山东为朝日所烛，号曰阳坡，其茶最胜，太守尝荐于京洛人士，题曰丫山阳坡横纹茶。" 1985年至1986年间，郎溪姚村乡永丰村经过试验，创制了现今的瑞草魁。

答宣城张主簿遗鸦山茶次其韵
（宋·梅尧臣）

昔观唐人诗，茶咏鸦山嘉。

鸦衔茶子生,遂同山名鸦。

重以初枪旗,采之穿烟霞。

江南虽盛产,处处无此茶。

纤嫩如雀舌,煎烹比露芽。

竞收青蒻焙,不重漉酒纱。

顾渚亦颇近,蒙顶来以遐。

双井鹰掇爪,建溪春剥葩。

日铸弄香美,天目犹稻麻。

吴人与越人,各各相斗夸。

传买费金帛,爱贪无夷华。

甘苦不一致,精麤还有差。

至珍非贵多,为赠勿言些。

如何烦县僚,忽遗及我家。

雪贮双砂罂,诗琢无玉瑕。

文字搜怪奇,难於抱长蛇。

明珠满纸上,剩畜不为奢。

玩久手生胝,窥久眼生花。

尝闻茗消肉,应亦可破瘕。

饮啜气觉清,赏重叹复嗟。

叹嗟既不足,吟诵又岂加。

我今实强为,君莫笑我耶。

该诗是一首咏茶诗,是诗人梅尧臣为答谢宣城县主簿张献民赠送鸦山茶和咏茶诗所作。诗中介绍了鸦山茶的来历、品质和采摘加工方法,并将其与众多名茶相媲美,如浙江长兴顾渚茶、四川蒙顶茶、江西双井茶、福建建溪茶、绍兴会稽山日铸茶和天目山名茶等,赞美了其品质的无与伦比。

三、中国茶德

茶积淀着中国几千年的文化内涵,茶品如人品,品茶如品人。将"茶"与"德"联系在一起的记载最早出现在陆羽《茶经·一之源》中:"茶之为用,味至寒,为饮最宜精行俭德之人。"这也将饮茶这种日常生活内容提升到了精神层面,标志着中国古代茶精神文化的确立。

首先将"茶德"作为一个完整理念提出的是唐朝刘贞亮,他在《茶十德》一文中概括了饮茶十德:以茶散郁气;以茶驱睡气;以茶养生气;以茶除病气;以茶利礼仁;以茶表敬意;以茶尝滋味;以茶养身体;以茶可行道;以茶可雅志。其中有对健康养生的理解,也有对人生哲理的阐述。如果说陆羽所言的茶德更注重个人品德修养的话,那么刘贞亮的饮茶十德则将其扩大到了和敬待人的人际关系上。

当代茶人对于茶德的精神文化内涵也不断有新的理解,其中以茶学泰斗庄晚芳(1908—1996)提出的中国茶德"廉、美、和、敬"最为清晰完整,浅释为:

廉俭育德——清茶一杯涤凡心，清廉俭朴好品行。

美真康乐——茶美水美意境美，心旷神怡人生乐。

和诚处世——以茶广结人间缘，和衷共济天地宽。

敬爱为人——敬人爱民为本真，律己扬善常感恩。

对中国茶德的解读随着时代发展不断提升完善，蕴涵着我国五千年的文明诗风与人生哲理。在加强物质文明建设与精神文明建设的今天，我们应以茶教化，习茶做人，在一盏茶中践行中华民族的传统美德与处世哲学。

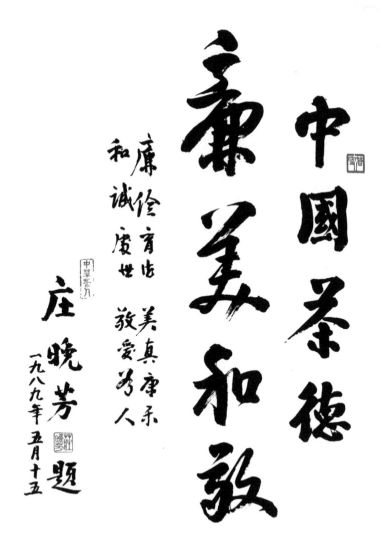

图 8.9 茶学泰斗庄晚芳先生所题中国茶德

第九篇
绿茶之扬——天下谁人不识茶

中国茶初兴于巴蜀,逐步遍及全国。此后,又向国外传播,既作为融入日常生活的饮品,又作为先进高雅的习俗和文化走出国门。如今,中国茶在世界各地盛行,向五湖四海的人们展现着中国茶文化的博大精深。

春·流年 (北京财贸职业学院 杨磊磊 指导老师: 侯雪艳)

一、中国茶的世界路

世界上很多地方的饮茶习惯都是从中国传过去的，其传播历程已有约 2000 年的历史，但有文字可考的，要追溯到公元 6 世纪以后。中国茶叶首先通过佛教僧侣的交流传到朝鲜和日本，随后沿丝绸之路和茶马古道传到中亚和东欧，再由海上丝绸之路传到西欧，公元 18 世纪中国茶叶被英国东印度公司运到印度大吉岭进行种植。

目前，全世界有 160 多个国家和地区的人民有饮茶习俗，饮茶人口达 20 多亿。2014 年我国茶叶出口至五大洲 126 个国家和地区，出口总量 30.1 万吨，出口金额 12.7 亿美元。其中绿茶出口 24.9 万吨，金额 9.5 亿美元，在茶叶贸易中发挥支撑作用，占出口总量的 80% 以上。然而，世界上多数国家的消费者以饮红茶为主，中国绿茶主要销往经济欠发达的国家和地区，且以低档茶为主，价格持续处于低位。

图 9.1 第十五届国际无我茶会杭州站、千岛湖站、龙泉站盛况

图9.2 第十五届国际无我茶会上的茶人风姿

延伸阅读：无我茶会

无我茶会是一种大众参与的茶会形式，提倡人与人之间的平等和谐，不问年龄出处，不讲茶叶、茶具贵贱，人人泡茶、人人敬茶、人人品茶，显示出无我茶会无流派与地域限制的理念。自台湾陆羽茶艺中心的蔡荣章先生于1990年5月创办国际无我茶会以来，这一形式在各地爱茶人群中迅速流行，现已成为世界主要喝茶地区通行的茶会形式。

无我茶会一般在户外举行，奉行"简便泡茶法"，选用简便的茶具和简便的冲泡方式，使茶友们不至于把时间花在茶具的准备、操作与收拾上，进而全身心地享受茶会的气氛与意境。茶会开始时，茶友们有序签到、抽签，然后对号入席围成一圈进行泡茶。若规定每人泡茶四杯，那就把三杯奉给左边三位茶友（也可规定奉左边第二、第四、第六位茶友），最后一杯留给自己。一般奉完三道茶，聆听完音乐演奏后（此环节可省略），便可收拾茶具结束茶会。

无我茶会的七大精神：

①无尊卑之分。茶会上的座位安排完全由抽签决定，不设贵宾席、观礼席，但可以有茶友自发围观，表现出无尊卑之分的精神。所有人席地而坐，不但简便朴素，亦没有桌椅的阻隔，缩短了人与人之间的距离，整体氛围更加坦然亲切。

②无报偿之心。无我茶会在奉茶时，全部按照同一方向进行，如规定每人泡四杯茶、向左边茶友奉茶的话，那么每个人泡的茶都是奉给左边的三位茶友，而自己所品之茶却来自右边的三位茶友。在这个过程中，将茶奉给谁或接受谁的茶，都不是事先安排好的，也无法从自己所奉茶的人中获得回馈，人人都为他人服务，而不求对方报偿，借此倡导人们"放淡报偿之心"。

③无好恶之心。茶友们自己携带要冲泡的茶叶，种类不拘，品级不限。每个人品尝到的四杯茶都不一样，且必须喝完，不能依自己的喜好进行挑选。同时由于茶类和冲泡技艺的差别，品饮体验也会大不相同。这就要求每位与会者都要放下个人好恶，以客观的心态来接纳、欣赏每一杯茶，不能只喝自己喜欢的茶，而厌恶别的茶。

④无流派与地域之分。茶会中的茶具和泡茶手法皆不受拘束，各个流派不同地域的方式均能被接纳，奉行以茶会友、以茶修德、和而不同的理念。

⑤求精进之心。参会的茶友都以泡壶好茶与人分享为信念，因此事先要有足够的练习，品饮别人泡的茶时也要见贤思齐，择善而从，时时反思，常常检讨，使自己的茶艺日益精深。

⑥遵守公共约定。无我茶会进行过程中，每个人都要自觉按照事先约定好的规则和程序进行，期间不设指挥与司仪。当每个茶友都能严格遵守公共约定时，会场同样有条不紊、宁静祥和，展现了茶人们克己复礼、动必缘义的精神风貌。

⑦培养团体默契。整个茶会过程中，参会人员专注泡茶、奉茶，期间不需任何言语的交流，彼此按规行事，心照不宣。奉茶时若对方也在座位，则互相鞠躬致意、相视一笑，以表感恩之心。如此一来不但表现出茶道的空寂境界，还使得茶友们能专注于茶叶冲泡，及时关注周围人泡茶的快慢以调整自己的冲泡速度，不知不觉中培养了团体默契，表现出自然的协调之美。

二、世界茶的中国源

（一）日本

目前世界上有 60 多个国家与地区生产茶叶，绿茶产区除中国外，最主要的就是日本。日本出产的茶叶品类很单一，基本全部是绿茶，日本人对绿茶的喜爱由此可见一斑。

1. 历史渊源

中国的茶与茶文化以浙江为主要通道、以佛教为媒介传入日本。唐朝期间，日本僧人最澄在浙江台州的天台山留学，天台山是中国佛教八大宗派之一——天台宗的发源地，最澄先从天台山修禅寺天台宗第十祖道遂学习天台教义和《摩诃止观》等书，又从天台山佛陇寺行满大师学习《止观释签》《法华》《涅槃》诸经疏，并从天台山禅林寺僧俺然受牛头禅法。回国时，他不仅将天台宗带到日本，还将茶种引种至京都比睿山，茶叶逐渐成为深受日本皇室喜爱的饮品，并逐步在民间普及。

宋朝时，僧人荣西也在天台山研习佛法并修学茶艺，所著《吃茶养生记》一书记录了南宋时期流行于江浙一带的制茶过程和点茶法。自此饮茶之风在日本迅速盛行开来，荣西也因此被尊为日本的"茶祖"。

此后，日本高僧圆尔辩圆、南浦绍明等人也先后到浙江径山寺求学，并将径山的制茶工艺、饮茶器皿和"茶宴"礼仪带回日本广为传播，这可认为是日本蒸青绿茶制法的鼻祖。

2. 基本分类

在绿茶加工工艺方面，中国多采用炒制杀青，茶汤香味突出，茶味浓；而日本则多用蒸汽杀青，再在火上揉捻焙干或直接在阳光下晒干，茶色保持翠绿，味道清雅圆润。

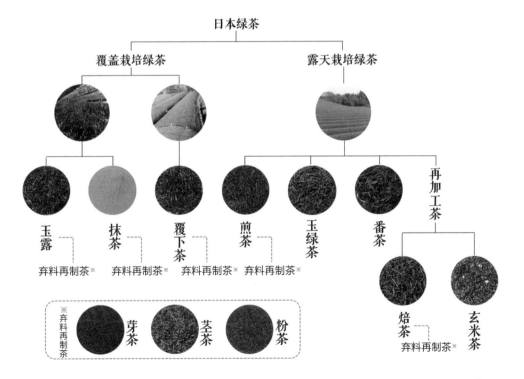

图 9.3 日本绿茶分类图

日本出产的茶叶超过九成都是绿茶，分类极其细致，不同制法和不同产地生产出的茶叶，其香气、味道、口感各不相同，总体上以玉露为最佳，煎茶次之，番茶再次。其栽培方式可分为露天栽培和覆盖栽培两种，覆盖栽培即在新芽开始长的时候，搭上稻草、遮光布、遮阳板等给予一段时间的覆盖，避免茶芽接受直射阳光，使得鲜叶中茶氨酸增多，咖啡碱和叶绿素含量也较为丰富，从而形成鲜爽醇厚的滋味特征。

①玉露

玉露茶是日本茶中最高级的茶品，其生产对茶树要求非常高。新芽采摘前 3 周左右，茶农就会搭起架子，覆盖遮光材料阻挡阳光，小心保护茶树的顶端，使得茶树能长出柔软的新芽。遮光率初期为 70% 左右，临近采摘则至 90% 以上。采下的嫩叶经高温蒸汽杀青后，急速冷却，再揉成细长的茶叶。玉露的涩味较少，甘甜柔和，茶汤清澄，是待客送礼的首选。

很多人花高价买回日本玉露品饮，却觉苦涩难以下咽，其主要原因往往是因为冲泡水温过高。冲泡日本茶时应注意，茶的品级越高，所用水温应越低。品饮玉露时采应用低温热水慢慢冲泡，水温控制在 50℃ ~60℃ 为宜。

②抹茶

抹茶的栽培方式跟玉露一样，同样需要在茶芽生长期间进行遮盖避光。采摘下来的茶叶经过蒸汽杀青后直接烘干，接着去除茶柄和茎，再以石臼碾磨成微小细腻的粉末。冲泡抹茶时水温应控制在 70℃ ~80℃ 为宜，天气炎热时也可直接用冷水冲泡，苦涩味恰到好处，清爽口感明显，甘甜清香突出。

抹茶兼顾了喝茶与吃茶的好处，也常用于茶道点 茶，此外它浓郁的茶香味和青翠的颜色使得很多日本料理、和果子（一种以小豆为主要原料的日本点心）都会以之作为添加材料。值得注意的是，严格意义上的抹茶价格昂贵，通常市面上用作食品添加材料的抹茶都是一般的茶末或加了人工添加剂的抹茶。

③煎茶

煎茶是日本最流行的日常用茶，产量约占日本茶的 80% 以上，具有悠久的历史。生产煎茶的茶树直接露天栽培，采摘鲜叶后以蒸汽杀青，再揉成细卷状烘干而成。成茶挺拔如松针，好的煎茶色泽墨绿油亮，冲泡后鲜嫩翠绿，茶香清爽，回甘悠长。与玉露相比，煎茶带少许涩味，冲泡水温应控制在 70℃ ~90℃ 为宜。

④覆下茶

覆下茶介于玉露和煎茶之间，栽培时同样要进行遮光处理，但遮光周期较玉露短一些，约 7~10 天。茶农往往直接在茶树上铺盖遮光布，遮光率在 50% 左右。后续的加工工艺与玉露相似，滋味方面虽不及玉露那样浓厚甘甜，但比煎茶的风味柔和，适于不喜欢苦涩味的人饮用。

覆下茶具有煎茶和玉露中间的特性，冲泡时水温越低，越容易沥出甘味，水温越高则苦涩味越强，一般应控制在60~80℃左右，可根据个人喜好的口感进行选择。

⑤玉绿茶

玉绿茶前几道加工工序与煎茶基本一致，只是最后一步不经过揉捻，故叶片会卷起来，可分为中国式炒制（主要在九州地区，由江户时代明惠上人发扬光大）与日本式蒸制（大正时期出现）两种，冲泡温度控制在70℃左右。

⑥番茶

番茶是最低级别的茶，采摘完用于生产煎茶的嫩叶后，较大、较粗糙、纤维含量较高的叶子便用来生产番茶。此外，夏秋季采摘的鲜叶，不论是茶芽还是较大的叶子，制成的茶都只能叫做番茶。番茶的加工过程与煎茶相同，但除叶子外，其叶茎和叶柄也可用于制茶。冲泡番茶应采用100℃的沸水，颜色较深，茶味偏浓重，但所含咖啡碱比玉露少，故苦味清淡，刺激性也比较小。

⑦焙茶

焙茶是以煎茶、番茶、茎茶等品级较低的绿茶，经高温炒制加工而成。炒过的焙茶呈褐色，苦涩味道去除，带有浓浓的烟熏味和暖暖的炒香，适合作为寒冷天气的茶饮。由于焙茶容易浮在茶汤表面，建议用带有滤网的茶壶冲泡，方便饮用。

⑧玄米茶

将糙米在锅中炒至足香，混入番茶或煎茶中即得玄米茶。其茶汤米香浓郁，既有日本传统绿茶淡淡的幽香，又蕴含独特的烘炒米香，别有一番趣味。此外，特有的炒米香还能掩盖茶叶的部分苦味和涩味，也兼具玄米和绿茶的双重营养，不仅广受日本人喜爱，在整个亚洲都是很流行的茶饮。

⑨芽茶、茎茶、粉茶

日本茶叶的加工过程可谓是物尽其用，树顶的嫩叶做上等的玉露与抹茶，露天茶园的嫩芽做煎茶，粗老的大叶做番茶，不仅如此，加工以上各类茶叶时拣选不用的材料也能将其生产为新品类的茶叶，芽茶、茎茶、粉茶便是如此。

加工玉露或煎茶时，细嫩的芽叶往往会卷曲成丸状小粒，为求茶叶外观整齐，会把这些嫩芽分离出来加工成芽茶，这些茶基本上都被茶农自留饮用，市面上比较少见；此外，加工玉露、抹茶、覆下茶时掉下来的碎叶与遗留的茎梗，可被进一步制成茎茶与粉茶，这些茶在冲泡时滋味出来得快，但持久度较差。

3. 茶叶产区

日本在 8 世纪从中国引进茶叶，最初种植在京都附近，以后逐渐扩展到静冈、九州、鹿儿岛等地，现主要分布在静冈、鹿儿岛、三重等 6 个县。

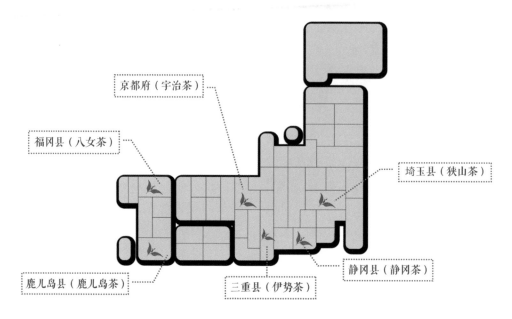

京都府（宇治茶）

福冈县（八女茶）

埼玉县（狭山茶）

鹿儿岛县（鹿儿岛茶）

三重县（伊势茶）

静冈县（静冈茶）

图 9.4 日本茶区分布示意图

①静冈县

静冈县是日本最大的产茶县，绿茶产量占全日本的一半左右，所产的静冈茶为日本三大名茶（静冈茶、狭山茶、宇治茶）之一，民间有"色数静冈，香数宇治，味数狭山"的说法，意为静冈茶颜色最好，宇治茶香气最佳，狭山茶滋味最优。日本旅游业界十分重视静冈茶的推广，富士山南面的茶田已成为日本代表性的胜景，当地会安排游客采摘茶叶的体验项目。

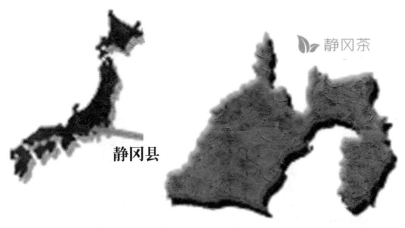

图 9.5 静冈县地图

②鹿儿岛县

茶叶产量仅次于静冈县排日本第二位，主要生产煎茶。鹿儿岛县地处日本南端，气候温暖，从 4 月上旬就开始采摘新茶，种子岛更是在 3 月份下旬就开始收茶，日本最早上市的新茶便产自于此。

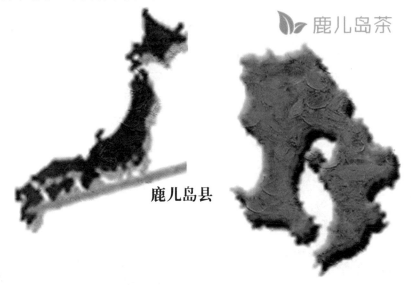

图 9.6 鹿儿岛县地图

③三重县

茶叶产量排全国第三位。"伊势茶"是该县茶叶品牌的代名词，主要产地是铃鹿山系的丘陵地带和栉田川、宫川水系区域，具有浓厚的滋味。

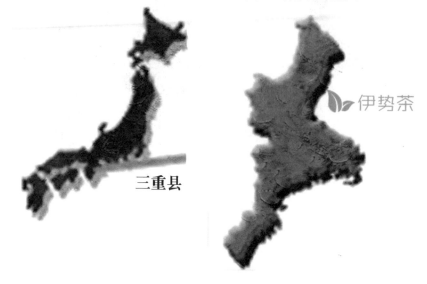

图 9.7 三重县地图

④埼玉县

狭山茶是埼玉县西部和东京都西多摩地区生产的一种茶叶，是埼玉县种植面积最大的农作物，为日本三大名茶之一，有"味数狭山"的赞誉。狭山茶一年只在春天和夏天进行采摘，比日本其他地方的茶叶采摘次数都要少，所以味道也更为正宗和美味。

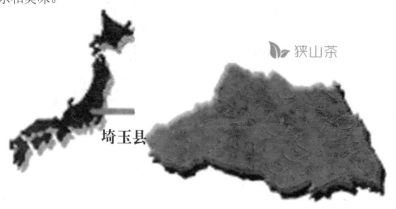

图 9.8 埼玉县地图

⑤京都府

所产的宇治茶为日本三大名茶之一，有"香数宇治"的美誉。宇治茶产于京都府南部的山城地域，其茶树栽培可追溯到镰仓时代，是日本茶的起源之地，极具代表性。此地的各大老字号茶庄不断致力于茶衍生产品的研制，各种含茶的甜品深受女士们以及各地游客的喜爱。

图 9.9 京都府地图

⑥福冈县

福冈县的玉露产量居日本第一。该县的八女地区是日本最著名的高级茶产地之一，所产八女茶茶香而味浓，多次入选日本茶叶品评会，是绿茶中的极品。

图 9.10 福冈县地图

4．产业特点

日本茶叶生产品种单一，基本都是绿茶，主要产地集中在静冈、鹿儿岛、三重三个县。与世界其他地方茶园很不同的是，日本茶园中的茶树是成片种植、排列成长条形的，没有被分隔开，一眼望去绿浪错落起伏，宛若一幅风景画，极富美感。茶丛上部表面是弧形的，采茶者就是从这些长而有规划的采摘面上摘取新芽和叶子的。

日本茶园管理现代化程度高，内部道路系统非常密集完善，车行道基本是沥青路面，茶行间设有轨道，适应机械化作业。茶叶生产全程机械化，加工基本上都由高度自动化的蒸青生产线来完成，不仅台时产量大，而且产品质量稳定，标准化程度高。同时，茶园周围往往集中着国家的茶叶研究机构、茶叶机械制造企业、著名的茶文化和茶旅游设施等，形成了非常明显的区域特色、文化氛围和产业优势。

图 9.11 日本茶园

日本茶产品的种类琳琅满目，茶叶深加工产品开发延伸到了生活的各个领域。如茶饮料、茶药品、茶食品、茶袜、茶皂、化妆品、含儿茶素的抗菌除臭产品、防辐射产品等，占据了很大的市场份额。

图 9.12 琳琅满目的日本茶食品

5. 日本茶道

日本茶道源自中国。当年来径山的日本留学僧荣西、圆尔辩圆、南浦绍明等人在径山学习的中国茶文化在日本广泛传播，中国的精品茶具——青瓷茶碗、天目茶碗也于此时由浙江传入了日本。15 世纪时，日本著名禅师一休大师的弟子、被后世尊为日本茶道始祖的村田珠光首创了"半草庵茶"，倡导顺应天然、真实质朴的"草庵茶风"，主张将茶道之"享受"转化为"节欲"，体现了陶冶身心、涵养德性的禅道核心。

作为日本茶道创始人之一的武野绍鸥传承了村田珠光的理论，并结合自己对茶道的认识将其拓展，开创了"武野风格"，对日本茶道的发展起着承上启下的作用。同时，他还是一名连歌师，通过把连歌道这一日本民族传统艺术引入茶道，凝聚了日本人的审美意识，引起了很多人的共鸣。

16世纪，绍鸥的弟子千利休把茶与禅精神结合起来，将过去铺张奢华的茶风转变为孤独清闲、追求内心宁静的艺术，他致力于教导人们通过饮茶以获得慰藉、疗愈心灵，不仅是伟大的茶道宗师，也是伟大的禅宗思想家之一。他将日本茶道的宗旨总结为"和、敬、清、寂"："和"以行之，"敬"以为质，"清"以居之，"寂"以养志。至此，日本茶道初具规模。千利休作为日本茶道的"鼻祖"和集大成者，其茶道思想对日本茶道发展的影响极其深远。

日本近代文明启蒙期最重要的人物之一冈仓天心在其所著《茶之书》中写道："茶道，是基于人们对于日常生活的俗事之中所存在的美产生崇拜而形成的一种仪式。它谆谆教导我们纯粹与调和、相互友爱的神秘以及社会秩序的浪漫主义。茶道的要义在于崇拜'不完整的事物'，也即在不可解的人生之中，拥有想要成就某种可能的温和企图。"日本茶道将日常生活行为与宗教、哲学、伦理和美学熔为一炉，作为一门综合性的文化艺术活动在日本广为流传，喜爱茶道之人比比皆是。可以说，茶道已成为日本文化的结晶，日本文明的代表，人们在茶道中领悟生活的美学，实现自己的人生修行。

延伸阅读：日本茶道

（图文提供：袁薇 浙江树人大学茶文化贸易专业讲师，日本国际丹月流茶道教授）

日本茶道是以饮茶为契机，以"侘寂"为审美导向，包含哲学、宗教、道德、文学和建筑等内容的综合文化体系。冈仓天心认为茶在日本，是一种生活艺术的宗教。茶人从思想体验、带有仪式感的行为礼法中获取经验，寻找适合自身生活的理想形式，产生干净而有质感的艺术表述，而这种表述方式虽略带着超世俗的经验，却充溢着生活的艺术感。

日本茶道尊崇自然，用心去关注本就存在于大自然间的美好。茶室间的画与花、窗口处的光与影，庭院中的露地与飞石，席间的茶与具，还有那一碗人情的茶汤……处处都体现出艺术化的美感；茶道的礼法也不仅是形式上的优雅，严谨的规则也蕴含着为人处世的道德；茶人对日常生活中细节的思考和关注都融入茶道的做法中，每一件器具摆放的位置、身体移动的顺序、追求美的行为举止……茶人用姿态表达内心经历着艺术化的洗炼。

日本国际丹月流薄茶礼"平点前"基础做法步骤：

（图片人物：日本国际丹月流茶道教授袁薇、浙江树人大学茶文化贸易专业 14 级学生曾卉知）

准备精致的茶点 与抹茶相适应的茶点一般选用较为甜软的和果子，制作精致，选用与季节相适应的口感、色彩以及造型。客人在饮用抹茶之前先品尝和果子，期待着美好的茶汤入口。

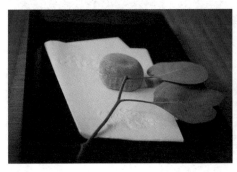

图 9.13 奉茶点

点前备具 在入席礼之后，将点薄茶所需要使用的茶具，如水指、茶碗、茶巾、枣（枣）、茶筅、茶勺、建水、柄杓（勺）、盖置，按礼法放置在规定的位置。

图 9.14 出具

清洁茶具 "清"是日本茶道的精神之一，具体表现在茶具的洁净与心境的清明。亭主用心整理帛纱，分别对枣、茶勺、柄杓进行擦拭。取温水，用茶筅清洗茶碗，用白茶巾将茶碗拭干净。

叠帛纱　　　　擦拭茶罐　　　　擦拭茶杓

擦拭柄杓　　　　打开釜盖　　　　杓温水入碗

茶筅清洁碗　　　　检查茶筅

去水入建水

茶巾拭碗

图 9.15 洁具

置放抹茶 细腻而清香的抹茶形成一座小山的模样被静置在枣中，轻轻开盖，在右下角处取适量的三勺置入茶碗底部，用茶勺将其在碗底打散。

打开茶罐盖子

置茶

置茶毕

图 9.16 置茶

击打薄茶 取温度适宜的水（约 88 摄氏度）倒入碗中，水量是柄杓满勺的七分。用茶筅点茶，从左至右，手腕带动茶筅上下击打茶汤，由缓而快，待汤沫渐起，迅速而有力地将汤沫凝聚，将茶筅集中于汤沫中心，轻轻提起。

取水　　　　注入碗中

欣赏茶汤

图 9.17 点茶

按礼法奉茶 将点好的茶放在左膝盖上欣赏，将身体稍稍转向茶客，将茶碗正面转向客人，而后放到席面，用手推向客人。

图 9.18 奉茶礼

饮茶 客人与亭主行礼，客人接过茶碗，欣赏茶碗，将茶碗的正面转向亭主，品饮一口后，向亭主行礼，而后分两口将茶喝完。

图 9.19 饮茶

（二）韩国

1. 历史渊源

中国茶通过海路对外传播的历史很早，公元4世纪末5世纪初，佛教开始由中国传入高句丽（公元前1世纪至公元7世纪在我国东北地区和朝鲜半岛存在的一个民族政权，与百济、新罗合称朝鲜三国时代）。新罗时代，大批僧人到中国学佛求法，并在回国时将茶和茶籽带回新罗。《三国史记·新罗本纪·兴德王三年》载："冬十二月，遣使入唐朝贡，文宗召对于麟德殿，宴赐有差。入唐回使大廉持茶种子来，王使命植于地理山。茶自善德王有之，至于此盛焉。前于新罗第二十七代善德女王时，已有茶。唯此时方得盛行。"9世纪初的兴德王时期，饮茶之风在上层社会和僧侣文士之间颇为盛行，并开始种茶、制茶，且仿效唐代的煎茶法饮茶。

高丽王朝时期，受中国茶文化影响，朝鲜半岛的茶文化和陶瓷文化兴盛，饮茶方法早期承袭唐代的煎茶法，中后期则采用宋代的点茶法。该时期，中国禅宗茶礼传入，成为高丽佛教茶礼的主流，流传至今的高丽五行茶礼，核心是祭祀"茶圣炎帝神农氏"，规模宏大，参与人数众多，内涵丰富，是韩国最高层次的茶礼。

至朝鲜李朝时期，前期的15、16世纪，受明朝茶文化的影响，散茶壶泡法和撮泡法颇为盛行。始于统一新罗时代、兴于高丽时期的韩国茶礼，也随着器具和技艺的发展而日趋完备，茶礼的形式被固定下来。朝鲜李朝中期以后，茶文化受到了反佛教和亲儒学政策的压迫，加上过度的茶叶税收、自然灾害频发，以及来自酒和咖啡行业的竞争，茶叶发展一度衰落。直至朝鲜李朝晚期经丁若镛、崔怡、金正喜、草衣大师等人的积极维系，茶文化才重新由衰而复兴。

图 9.20 韩国茶园

2. 产业特点

韩国主产绿茶，位于西南部的宝城是全国最大的茶叶生产地。宝城位于韩国全罗南道（"道"是韩国行政地名，类似于"省"），是韩国最著名的绿茶产区，茶叶产量占韩国茶叶总产量的 40% 左右，韩国大部分名优茶均源于此。韩国宝城与日本静冈、中国日照并称为"世界上三大海岸绿茶城市"，那里不仅出产品质优良的茶叶，还因秀美的茶园景色而成为众多韩国影视剧的拍摄地。

3. 韩国茶礼

韩国茶道称之为"茶礼"，与日本茶道一样源于中国，深受中国茶文化的影响。韩国茶道受儒家思想影响最大，以"和、敬、俭、真"为宗旨："和"即善良之心地，"敬"即彼此间敬重、礼遇，"俭"即生活俭朴、清廉，"真"即心意真诚、以诚相待。韩国的茶礼种类繁多、各具特色，包括接宾茶礼、佛门茶礼、君子茶礼、闺房茶礼等诸多形式。

图 9.21 韩国茶礼

延伸阅读：韩国茶礼步骤

（图片提供：韩国青茶文化研究院院长吴令焕）

①茶礼

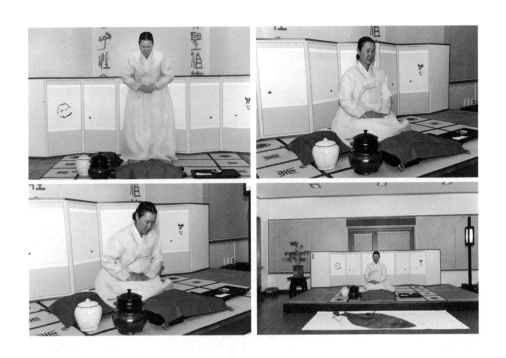

②掀布（将茶具盖布撤下，折叠好放到指定位置）

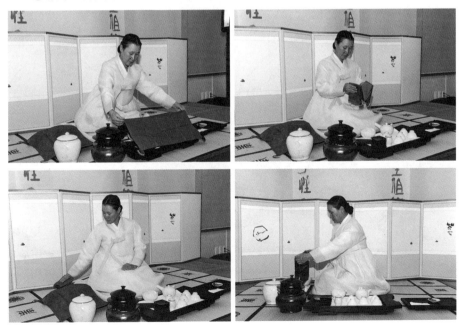

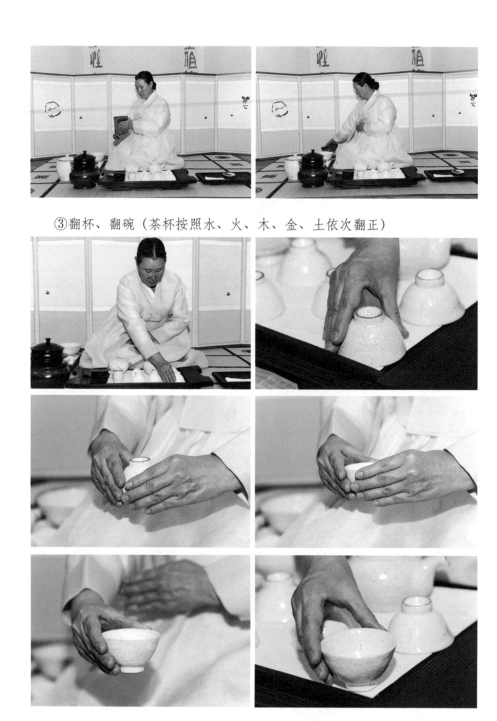

③翻杯、翻碗（茶杯按照水、火、木、金、土依次翻正）

④备水、温杯（用水瓢取汤锅中的沸水倒入熟盂，将熟盂中的水倒入横把壶，再将横把壶中的水倒入饮杯）

⑤备水、晾水（用取水瓢将汤锅内的沸水倒入熟盂中待用）

⑥置茶（用茶勺从茶罐中取茶，投茶至横把壶中）

⑦沏茶（将熟盂中待用的水倒入横把壶）

⑧洗杯（将饮杯中的水按顺序倒入水盂）

⑨出汤（先将壶中沏好的茶汤倒入一只饮杯至三分满，观看一下汤色，再依次倒入其他杯中至五分满，再以相反的顺序倒入至七分满）

⑩奉茶

⑪品饮

⑫洁具

⑬收具

⑭行礼结束

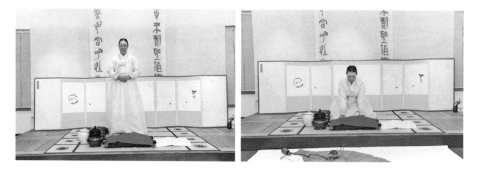

（三）越南

越南位于东南亚中南半岛东部，与中国广西、云南接壤，中国茶文化对其影响较深，再加上历史上广东人大量移居越南，也对中国茶文化在越南的传播起了较大的推动作用。西汉时期，中国茶开始销往包括越南在内的东南亚各国。唐朝时期，中国茶正式传入越南，扎根这片疆土并逐步普及。明朝时期，郑和七次下西洋，遍历东南亚地区，进一步促进了中国与越南的茶叶贸易。

越南作为典型的农业国家，茶叶是其主要的经济作物之一，茶园主要集中在北部山区和中部地区。目前，越南茶叶出口至世界近 60 个国家和地区，主要的出口国家有巴基斯坦、印度、俄罗斯等。

越南以生产红茶和绿茶为主，其中红茶主要用于出口，绿茶则主要为国内消费，是当地人民不可或缺的日常饮品。越南最有名的绿茶要数太原省出产的绿茶了，这种绿茶入口苦涩，随即有甘甜的口感，味道在舌面上停留的时间较长，与中国绿茶相比口味更重一些。喝绿茶时越南人喜欢往里面加冰块，这种冰茶是很多饮食店常备的饮品，深受越南人民喜爱。

延伸阅读：中国绿茶出口概述

（尹晓民 浙江华发茶业有限公司董事长）

中国绿茶出口已经有 300 多年的历史，1905 年中国绿茶特别是珠茶出口量达到历史高峰，年出口量超过 1 万吨，主要出口到美国，后来由于掺杂使假，茶叶出口量大幅度减少，新中国成立后，绿茶是我国主要的出口商品，

1994 年前茶叶出口体制实行计划经济，由中国茶叶进出口公司与进口国签订国家合同，形成了一条茶农→收茶站→土特产公司→茶叶精制厂→出口茶厂→茶叶进出口公司产业链，县与县之间的茶叶是禁止流通的。

1994 年后广东、福建等地首先开放民营企业进入绿茶出口市场，1994 至 2000 年期间，民营企业如雨后春笋般崛起。2001 年，浙江华发茶叶出口茶厂成为浙江省第一家获得绿茶自营出口权的民营企业。目前，中国的绿茶出口主体基本为民营企业。

全中国茶叶出口从计划经济时代的 10 万吨左右，到目前 32 万吨左右，贸易额 12 亿美元，并每年保持一定速度的增长，但是出口的价格增长缓慢，农民的收入增加不多，企业的竞争进入白热化时代，利润基本上让给茶叶进口商。计划经济时代出口 1 吨茶叶的总利润在 1 万元人民币左右，现在民营企业出口 1 吨茶叶的利润平均不超过 500 元，相当于计划经济时代的 5%。

中国绿茶出口市场主要集中在北非、西非、中东及独联体，摩洛哥是进口中国茶叶的第一大国家，年进口中国绿茶 6 万吨，贸易额 2 亿多美元，占中国茶叶出口量的 20% 左右，可以说摩洛哥市场是中国茶叶出口的风向标；欧美国家市场占绿茶出口总量的比例低于 10%。

中国绿茶生产地分布越来越广，从计划经济时代的浙江、江西、安徽等地，扩大到湖南、湖北、贵州、四川、河南、陕西、广西等省区，但是出口主要集中在浙江、安徽和江西，其中浙江出口绿茶最多时占到全国的 70%，目前还保持在 50% 左右的比例。

绿茶出口的主体，除了省级茶叶进出口公司以外，其他都是民营茶厂出口，最近几年，中西部地区如安徽、湖南、湖北、江西等省份出口量大幅度增长。

在绿茶对外贸易中存在的问题主要是民营企业规模太小，集聚效应不高；出口企业拥有自己的茶园很少，产品质量提升不快；茶园面积大量过剩，出口企业没有发言权；中国出口企业缺乏自己的品牌，没有实力财力来实施自己的品牌计划，基本上为人作嫁衣。

编后语（一）
POSTSCRIPT

这本书完全是一个"命题作文"，是在旅游教育出版社赖春梅老师的"催逼"下完成的，历时多年，一拖再拖，甚至一度搁浅以为不能完成了，还好，最终在我的博士研究生周继红的努力下总算不辱使命。这本书与其说是我团队的成果，还不如说是周继红同学的处女作，她在本书的编写工作中贡献最多。就借此机会，让我介绍下这位优秀学生、未来领袖吧。

继红自进入浙江大学以来，一直是位明星学生：当年以山东省理科前几百名的优异成绩考入浙江大学农学院，曾担任校学生会副主席、院学生会主席，本科毕业时以专业第一名的优异成绩和杰出的综合素质保送至我实验室直接攻读博士。她不仅成绩优秀，在校内外活动中也能一展风采：她作为青年代表参与录制CCTV1《开讲啦》节目近20期，展现出了当代青年善于思考、勇于发声的时代风貌。除此之外，她还是一名校园主持人，学校各大晚会、讲座、论坛中常能看到她的身影。如在2012年浙江大学茶学系60周年系庆活动中，还是大二学生的周继红同学作为学生代表在庆典中发言，其顺畅敏捷的文思与才智机辩的谈吐给在座来宾留下了深刻的印象。此后，在诸多茶业界的活动中周继红都有出色的表现，例如她曾主持日本里千家鹏云斋千玄室大宗匠浙江大学中日茶文化交流会、2014年"凤牌滇红杯"全国大学生茶艺技能大赛、2016年浙江省敬老茶会等活动，展现了新一代茶人的风貌；继红同学热爱专业，知行合一，尽己所能推广茶学学科、弘扬中华文化，在赴台湾、澳门等地的交流活动中，积极把茶文化融入到两岸四地青年人的沟通交流中。她受邀录制浙江电视台教育科技频道《招考热线》节目，为观众解读茶专业，收到了良好的社会反响。她还作为项目答辩人参加多个创业比赛，并荣获浙江省"挑战杯"特等奖、全国"挑战杯"银奖、"新尚杯"高校大学生创业邀请赛全国一等奖。2014、2015年还获得了分量颇重的浙江大学"十佳大学生"和由美国华人精英评选出的"百人会英才奖"。

这部书稿也让我对学生的优秀有了更深的认识。我曾开玩笑地说："继红，我本以为你的优秀是靠天赋和高颜值，原来还是靠努力！"任务落实给她后，她全身心投入，没日没夜，经常整理资料到凌晨两三点钟，早上8点多又出现在我办公室里和我讨论书稿了，从不找借口拖延。假以时日，我的学生周继红当能因其良好的品德修养、出色的学习能力、杰出的领导才能和卓越的社交能力，成为堪当大任、贡献国家的才俊！让我们拭目以待。

感谢旅游教育出版社尤其是赖春梅老师对我团队的信任！这是继《茶文化与茶健康》后我们的二度合作。最后，还要感谢茶行业大咖毛祖法先生、张士康先生、王建荣先生和毛立民先生特地为本书撰写的精彩推荐词。

绿茶是我国生产历史最悠久、产区最辽阔、品类最丰富、产量最庞大的茶类，其相关知识纷繁多样、浩如烟海，尽管参编人员付出了很多心血与努力，但仍难涵盖绿茶相关内容的方方面面。且由于篇幅，诸多内容未做涉及或浅谈而止，疏漏之处在所难免，望读者朋友们多提宝贵意见，不吝赐教，衷心希望大家都能获得一番愉快的阅读体验。

王岳飞

编后语（二）
POSTSCRIPT

都说"茶为国饮，杭为茶都"，作为一名土生土长的北方姑娘，本科时来浙大学求学，选择茶学为专业并坚持读到博士，让我有缘在茶都杭州，跟随最专业的老师，一点点地学习茶学知识、感悟茶学魅力。承蒙导师王岳飞教授信任，得此机会参与写作《第一次品绿茶就上手》（图解版），从红衰翠减物华休的深秋十月一直到杨柳飞絮花满城的芳菲四月天，着实为一段非常难忘而又收获满满的日子。

书稿的目录是在火车上写完的，刚接到写作的任务时，为了写出一份有价值的提纲，我查阅了很多资料，每有一个灵感就将它记录在纸上，慢慢的，草稿积了很多张，却越来越难以沉下心来将杂乱的只言片语理出头绪。如此拖了一月有余都没有实质性的进展。直到一次出行，心想与其在玩手机中度过四个半小时的车程，倒不如趁此机会专心将写作提纲整理好。进展比我想象中要顺利，不到两个小时目录便有了雏形，然后从容地考虑对仗、遣词、炼字等，等火车开到目的地时，所有的提纲已完成了。都说万事开头难，其实开头也并不难，大多数人都是被自己吓住了，为了不必

要的隐忧而困住了手脚，生活没有我们想象得那么可怕，它青睐才华，也尊重努力，唯独拒绝等待。

随着写作的深入，看的资料不断增多，愈加感慨这真是一番站在巨人肩膀上的旅行，了解越多便越认识到自己的无知，也更激发起学习的欲望。写作茶艺部分时找来了我国现代茶艺奠基人童启庆老师的《茶艺师培训教材》《影像中国茶道》和《图释韩国茶道》作参考，每每翻看都要惊叹于老一辈茶人严谨治学的态度。没有华丽辞藻的渲染，却是字字珠玑，言之凿凿，将每一个细节都传达得精准而到位。直到现在，浙江大学的茶艺课堂上仍能看到童老师诲人不倦的身影，在她身上，学者之严谨与师者之和蔼并存，是我们每个人的榜样。如此的前辈还有很多，他们当年栽种下的一切，已历经岁月洗礼而枝繁叶茂，使得我们一代代的后辈得以生活在一个绿绕荫浓的环境中。作为一个茶学的入门新手，从当下的摇桨划水到多年后的扬帆执舵，要走的路还很长，愿以此为勉，不忘初心。

总体上，文稿的写作还算顺利，但配图的整理却着实费了一番心思。

在这里衷心感谢尹晓民先生、张星海老师、王亚雷老师、陈燚芳老师、齐秋客先生、章志峰老师、王广铭老师、王永平老师、王剑敏老师、薄书建老师、吴子光老师、黄晓琴老师、汪强强老师、袁薇老师、苏中强先生、官少辉师兄、史雅卿女士、冯丹绘老师、杨鸿春师兄、蓝天茗茶、日照圣谷山茶场有限公司、龙王山茶业等提供的支持，是他们的帮助使得书稿的配图全面而精美。另外还有很多不留姓名的茶友发来全国各地的茶园图，为我们提供了丰富的素材，有位茶友在邮件中写道"支持每一个为茶事业奉献的人是所有爱茶人士的义务，每个挨近茶的人都有一份执着，天下茶人一家亲，理应互帮互助！"也希望这样一份奉献与执着能够传递给每一位读者。

此外，浙江大学茶学的老师和同学们更是像亲人一样提供了很多帮助与支持，程刚老师拍摄的茶叶审评和茶艺部分详解，用精湛的技艺呈现出一张张赏心悦目的照片；张玉婷老师写作茶艺部分初稿并演示茶艺，几番重复毫无怨言；郭昊蔚老师演示茶叶审评并协助进行茶叶审评部分的文字修改；应乐师姐耐心校对文字，细致到每一个标点符号和遣词用句；黄虔菲师姐对茶艺部分的修改提供了细致而详尽的指导，同时帮助进行茶点和茶席的设计，在我压力最大的时候还主动承担了部分修图工作；张靓同学不顾雨后的泥泞，连续两天帮忙拍摄茶树品种，并提供多处的茶园照片；刘畅同学、汪瑛琦同学、张蕾同学也为书稿提供了相应的图片。此时我才更加深刻地认同导师王岳飞教授时常挂在嘴边的那句话"照顾好身边的人是我们每个人的责任"，整个编写过程中得到的种种支持让我感受到无尽的温暖，也让我更加坚定地要做一个善良的人，因为我清楚地知道力不能及孤立无助的滋味是多么的不好受，也真切地明白山穷水尽之时有人伸出援手是怎样的欢欣感念。

希望能够通过这本书，让更多读者全面的认识绿茶，当你了解了茶的历史，你便知道为什么这一片树叶能承载中华民族几千年的文明；当你了解了茶的种植与加工，你便知道为什么这一片树叶能被称为国饮几经岁月变迁而热度不减；当你了解了茶的艺术与文化，你便知道为什么这一片树叶能带着道不尽的故事满足世界对东方古国的想象……很多人会说我们生活在一个最差的时代，人们追名逐利，忽视传统，但是我依然要感激这个时代，能让我们在一天内获得赛过我们父辈一年的信息与知识，也让我更加敬佩身边每一位不忘初心的茶人匠人，或许他们只是大街小巷上最普通不过的路人甲，却因为茶的氤氲停留下来，或者，奔向远方。

周继红

参考文献
REFERENCES

施海根.中国名茶图谱（绿茶卷）[M].上海文化出版社,2007.

李洪.轻松品饮绿茶 [M].中国轻工业出版社,2008.

龚自明,郑鹏程.茶叶加工技术 [M].湖北科学技术出版社,2010.

周巨根.茶学概论 [M].中国中医药出版社,2007.

宛晓春.茶叶生物化学（第三版）[M].中国农业出版社,2007.

江用文,童启庆.茶艺师培训教材 [M].金盾出版社,2008.

骆耀平.茶树栽培学（第四版）[M].中国农业出版社,2008.

施兆鹏.茶叶审评与检验 [M].中国农业出版社,2010.

王岳飞,徐平.茶文化与茶健康 [M].旅游教育出版社,2013.

程启坤,张莉颖,姚国坤.茶叶加工利用的起源与发展 [C].国际茶文化研讨会.2006.

陈椽.茶叶分类的理论与实际 [J].茶业通报,1979(Z1).

赵秀明.日本蒸青绿茶的加工 [J].农村新技术,2010(22):63-64.

张莉颖.韩国茶礼初探 [C].国际茶文化研讨会.2010.

季小康.中国名茶趣谈 [J].中国对外贸易,1994(4).

童启庆.无我茶会的由来与基本方法 [J].茶叶,1998(2).

中国赴日茶叶生产技术及管理考察团.日本茶叶产业发展现状 [J].世界农业,2003(3):36-37.

姜天喜.论日本茶道的历史变迁 [J].西北大学学报:哲学社会科学版,2005,35(4):170-172.

李晟焕.韩国茶产业发展历史、现状与问题——兼中、韩茶产业比较 [D].浙江大学,2007.

刘勤晋.中国茶在世界传播的历史 [J].中国茶叶,2012(8):30-33.

Tran, Xuan, Hoang, 等 . 越南茶叶产业概况 [J].中国茶叶,2012(7):12-13.

北京现代派——798
林芳璐　著
ISBN 978-7-5637-3094-0

　　本书从当下进驻在 798 艺术区的画廊、艺术家工作室、艺术衍生品商店到休闲娱乐场所入手，选择了几十个不同类型的聚焦点，系统介绍了它们的历史和现状，娓娓道来 798 艺术区艺术文化活力的鲜活面貌，非常具有代表性。它反映了现时现地中国当代艺术和设计发展的一个侧面，为了解和研究当代艺术现状提供了有价值的参考。

不负舌尖不负卿（世上唯有美食与爱，不可辜负）
李韬　著
ISBN 978-7-5637-2674-5

　　央视《中国味道》总顾问董克平将他的书作为枕边书；*Traveler Weekly*《味道》刊执行主编秦洲同欣赏他讲述食物的本真；食尚小米称夜深人静时读他的书是致命诱惑；《中国日报》美食记者叶军赞他对茶与美食有研究；号称"半个吃货"的周周称许他的文章真挚、有很强的临场感，如同中国画的白描。他是李韬。李韬又写了本书，这本书叫《不负舌尖不负卿》。

　　爱恋美味的人，随同恋味者李韬来发现舌尖美味与舌尖后的人情世界。

舌尖上的中国乡土小吃
李韬　著
ISBN 978-7-5637-2499-4

　　百味美食，最念乡土的它，《舌尖上的中国乡土小吃》述说的是最有红尘烟火气的街巷小吃。书中所述 130 多道乡土小吃，说人说吃说做法，道尽小吃里的大情意：食材里的情意，制作传承中的情意，包裹在吃客味蕾中的情意。正如"百家讲坛"的文化学者吕立新所言："小吃的境界往往和文化有相通性，因为它们也是来源于生活而又能高于生活的……李韬早就应该写这样一本书啊！他的文字收放自如，在吃中看到人间百态。"《舌尖上的中国乡土小吃》，饱含着让我们或欢欣或怅然的舌尖与心头记忆。

★优秀图书推荐★

茶文化与茶健康
（学者说茶 讲说 科学识茶 健康用茶 茶文化源流）
王岳飞 徐平 主编
ISBN 978-7-5637-2659-2

　　中国的 TED——大学网络公开课连续 16 周雄踞人气榜首、4 月次点击第一的课程，经过课程主讲人之一浙江大学茶学系王岳飞博导及徐平老师历时一年半的修改写作，始成此书。图书较之同名网络人气课程有更多专题内容及图片。本书内容经著名茶多酚专家杨贤强教授逐字审读定稿，许茶一辈子的著名茶学家、茶树育种栽培专家刘祖生博导作序推荐，多家茶企与茶文化公司将本书视为茶人知识进阶书，是内容严谨准确、行文易懂可读的真正茶书。

　　学者说茶，以事茶之心讲说科学识茶、健康用茶、茶文化源流。

第一次品白茶就上手
（图解版）
秦梦华 著
ISBN 978-7-5637-3139-8

白茶，如一首哲理诗，品之又品，每每味不同。

第一次品红茶就上手
（图解版）
黄大 编著
ISBN 978-7-5637-3115-2

简捷了解一杯不简单的红茶，有图有正解。

第一次品岩茶就上手
（图解版）
李远华 主编
ISBN 978-7-5637-3186-2

品味岩骨花香，寻访茶事茶踪。

第一次品乌龙茶就上手
（图解版）
李远华 主编
ISBN 978-7-5637-3395-8

岩韵、音韵、山韵，乌龙茶韵。

策　　划：赖春梅

责任编辑：赖春梅

图书在版编目（CIP）数据

　　第一次品绿茶就上手：图解版／王岳飞，周继红主
编．--北京：旅游教育出版社，2016.6
（人人学茶）
ISBN 978-7-5637-3405-4

　　Ⅰ．①第…　Ⅱ．①王…　②周…　Ⅲ．①绿茶-品茶-
图解　Ⅳ．①TS272.5-64

　　中国版本图书馆CIP数据核字(2016)第114194号

封面图片由素业茶院提供

人人学茶

第一次品绿茶就上手（图解版）

王岳飞　　周继红◎主编

潘建义　　徐平◎副主编

出版单位	旅游教育出版社
地　　址	北京市朝阳区定福庄南里1号
邮　　编	100024
发行电话	(010) 65778403　65728372　65767462(传真)
本社网址	www.tepcb.com
E-mail	tepfx@163.com
印刷单位	北京艺堂印刷有限公司
经销单位	新华书店
开　　本	710毫米×1000毫米　1/16
印　　张	13.5
字　　数	176千字
版　　次	2016年6月第1版
印　　次	2016年6月第1次印刷
定　　价	42.00元

（图书如有装订差错请与发行部联系）